高校入試 ここがポイント！
数学・理科

JN014052

もくじ

はじめに

この問題集の使い方 ・・・・・・・・・・・・・・・・・【2】

ダウンロード付録の使い方 ・・・・・・・・・・・・【3】

数　学

1 数と式 ・・・・・・・・・・・・・・・・・・・・・・・・・ 1

2 方程式 ・・・・・・・・・・・・・・・・・・・・・・・・・ 7

3 関数 ・・・・・・・・・・・・・・・・・・・・・・・・・ 13

4 角度・長さを求める問題 ・・・・・・・・・・ 19

5 面積・体積を求める問題 ・・・・・・・・・・ 25

6 証明問題 ・・・・・・・・・・・・・・・・・・・・・ 31

7 確率 ・・・・・・・・・・・・・・・・・・・・・・・・・ 37

8 データの活用 ・・・・・・・・・・・・・・・・・・ 43

9 数の規則性と文字式 ・・・・・・・・・・・・・・ 49

理　科

1 物理分野① ・・・・・・・・・・・・・・・・・・・・・・ 1

2 物理分野② ・・・・・・・・・・・・・・・・・・・・・・ 3

3 物理分野③ ・・・・・・・・・・・・・・・・・・・・・・ 5

4 物理分野④ ・・・・・・・・・・・・・・・・・・・・・・ 7

5 物理分野⑤ ・・・・・・・・・・・・・・・・・・・・・・ 9

物理分野　応用問題 ・・・・・・・・・・・・・・・・ 11

6 化学分野① ・・・・・・・・・・・・・・・・・・・・・ 15

7 化学分野② ・・・・・・・・・・・・・・・・・・・・・ 17

8 化学分野③ ・・・・・・・・・・・・・・・・・・・・・ 19

9 化学分野④ ・・・・・・・・・・・・・・・・・・・・・ 21

10 化学分野⑤ ・・・・・・・・・・・・・・・・・・・・・ 23

化学分野　応用問題 ・・・・・・・・・・・・・・・・ 25

11 生物分野① ・・・・・・・・・・・・・・・・・・・・・ 29

12 生物分野② ・・・・・・・・・・・・・・・・・・・・・ 31

13 生物分野③ ・・・・・・・・・・・・・・・・・・・・・ 33

14 生物分野④ ・・・・・・・・・・・・・・・・・・・・・ 35

15 生物分野⑤ ・・・・・・・・・・・・・・・・・・・・・ 37

生物分野　応用問題 ・・・・・・・・・・・・・・・・ 39

16 地学分野① ・・・・・・・・・・・・・・・・・・・・・ 43

17 地学分野② ・・・・・・・・・・・・・・・・・・・・・ 45

18 地学分野③ ・・・・・・・・・・・・・・・・・・・・・ 47

19 地学分野④ ・・・・・・・・・・・・・・・・・・・・・ 49

地学分野　応用問題 ・・・・・・・・・・・・・・・・ 51

基本問題　単元別　攻略表

数学 ・・・・・・・・・・・・・・・・・・・・・・・・・・・・・【112】

理科 ・・・・・・・・・・・・・・・・・・・・・・・・・・・・・【113】

答え合わせがしやすい

別冊 解答例・解説

※本体から取り外してお使いください

この問題集の使い方

『高校入試ここがポイント！』は，高校入試合格へとつながる**重要事項ばかりを集め，わかりやすくまとめた問題集**です。「ここがポイント」→「基本問題」→「応用問題」→「まとめのテスト」と進むことで，学校で学んだことを入試レベルまで高め，**志望校合格に必要な力を自然と身につけることができます**。

また，**インターネットを利用する**ことで，紙面の一部をダウンロードして繰り返し使ったり，QRコードを読み取って解答例・解説を見たりすることができる，**ハイブリッドな問題集**となっています。

本格的な受験勉強の**スタートから本番直前の対策まで幅広く使える**問題集です。

ポイントを押さえる
ここがポイント

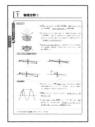

各単元の**重要事項をまとめてあ**ります。まずはここにある内容をしっかりと理解し，覚えておきましょう。

繰り返し解こう
基 本 問 題

各ページにあるQRコードを読み取ることで，**スマートフォンなどでも見る**ことができます。

必ず解けるようにしたい基本的な問題です。**重要事項が理解できているかどうかを確認する**とともに，**基本的な問題の解き方**を学習します。【112】ページの「攻略表」も活用しましょう。

実力アップ
応 用 問 題

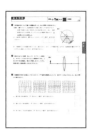

「基本問題」よりも高度な，入試レベルの問題です。**実際の入試問題に対応できる実力を身に**つけます。

実力確認
まとめのテスト

実際の入試問題に近い，プリント形式のテストです。「基本問題」と「応用問題」をすべてやり終えた後に行い，**理解度と実力を確認**します。

スマホやPCを使ったデジタル学習が可能。
紙とデジタルの併用で，**学習効率が大幅UP**

スマホやタブレット，PCで

教英出版ウェブサイトで，紙面をダウンロードできる

「ここがポイント」と「基本問題」は，教英出版ウェブサイトで何度でもダウンロードできます。

・空き時間にスマートフォンで「ここがポイント」を見る
・「基本問題」を印刷して，繰り返し解く

など，いろいろな使い方が可能です。
詳しくは右のページの「ダウンロード付録の使い方」をご覧ください。

スマホやタブレットで

QRコードを読み取ると，解答例・解説が見られる

「基本問題」と「応用問題」の解答例・解説は，各ページにあるQRコードを読み取ることで，**スマートフォンなどでも見る**ことができます。
（※PDF閲覧用のアプリが必要です。）

ダウンロード付録の使い方

STEP 1　教英出版ウェブサイトの「**ご購入者様のページ**」
https://kyoei-syuppan.net/user/ にアクセスし，
下の書籍ＩＤ番号を入力して，▶を押す！

書籍ＩＤ番号
891354

STEP 2　「**ダウンロード付録**」を押し，
表示されたページの教科名のボタンを押す！

STEP 3　ダウンロードしたいファイルを探して を押す！

表示された PDF ファイルをそのまま見る，
印刷して使うなど，用途にあわせてご活用ください。

（上の画像は，PCでの操作画面です）

※ご利用にはPDF閲覧用のアプリやソフトなどが必要です。

Point! 1 数と式

ここがポイント 👆

計算のポイント

1 計算順序

1）（ ）内の計算　2）累乗の計算　3）乗除の計算　4）加減の計算

2 計算法則

① **分配法則**　$a(b+c)=ab+ac$　　$(a+b)(c+d)=ac+ad+bc+bd$

② **結合法則**（加法・乗法）　$(a+b)+c=a+(b+c)$　　$(a\times b)\times c=a\times(b\times c)$

③ **乗法公式**　$(x+a)(x+b)=x^2+(a+b)x+ab$

$(x+a)^2=x^2+2ax+a^2$　　$(x-a)^2=x^2-2ax+a^2$　　$(x+a)(x-a)=x^2-a^2$

3 根号の計算　$(a>0,\ b>0)$

$\sqrt{a^2}=a,\ \sqrt{a^2b}=a\sqrt{b},\ \sqrt{a}\times\sqrt{b}=\sqrt{ab},\ \dfrac{\sqrt{b}}{\sqrt{a}}=\sqrt{\dfrac{b}{a}}$

$a\sqrt{b}+c\sqrt{b}=(a+c)\sqrt{b},\ a\sqrt{b}-c\sqrt{b}=(a-c)\sqrt{b}$

分母の**有理化**　$\dfrac{b}{\sqrt{a}}=\dfrac{b\times\sqrt{a}}{\sqrt{a}\times\sqrt{a}}=\dfrac{b\sqrt{a}}{a}$

例題　次の計算をしなさい。

(1)　$(8-5)^2-4-(-6)\div(-1)^2$

(2)　$\dfrac{x-y}{2}-\dfrac{x-3y}{3}$

(3)　$-36\times\left(\dfrac{7}{4}+\dfrac{5}{18}\right)$

(4)　$(x-3)^2-(x+4)(x-1)$

(5)　$\dfrac{18}{\sqrt{6}}-\sqrt{24}$

解法

(1)　与式 $=3^2-4-(-6)\div1=9-4+6=11$　　　　　　　　　　　　　　**答　11**

(2)　分数を含む計算では，分母を通分して計算する。答えの分数は約分できるかどうかに注意すること。

与式 $=\dfrac{3(x-y)-2(x-3y)}{6}=\dfrac{3x-3y-2x+6y}{6}=\dfrac{x+3y}{6}$　　　**答　$\dfrac{x+3y}{6}$**

(3)　分配法則を利用して，与式 $=-36\times\dfrac{7}{4}-36\times\dfrac{5}{18}=-63-10=-73$　　**答　-73**

(4)　乗法公式を利用して，与式 $=x^2-6x+9-(x^2+3x-4)=x^2-6x+9-x^2-3x+4=-9x+13$

答　$-9x+13$

(5)　分母を有理化して，与式 $=\dfrac{18\times\sqrt{6}}{\sqrt{6}\times\sqrt{6}}-\sqrt{2^2\times6}=\dfrac{18\sqrt{6}}{6}-2\sqrt{6}=3\sqrt{6}-2\sqrt{6}=\sqrt{6}$

答　$\sqrt{6}$

例題 次の問いに答えなさい。

(1) 次の数の大小関係を不等号を使って表しなさい。 $\dfrac{2}{5}$, $\dfrac{\sqrt{2}}{5}$, $\sqrt{\dfrac{2}{5}}$, $\dfrac{2}{\sqrt{5}}$

(2) $\sqrt{10-a}$ が整数になる自然数 a の値をすべて求めなさい。

解法

(1) 4つの数を，すべての数字が根号内に入った形で表し，さらに根号内の分数の分母をそろえる。

$$\dfrac{2}{5}=\sqrt{\dfrac{4}{25}},\ \dfrac{\sqrt{2}}{5}=\sqrt{\dfrac{2}{25}},\ \sqrt{\dfrac{2}{5}}=\sqrt{\dfrac{10}{25}},\ \dfrac{2}{\sqrt{5}}=\sqrt{\dfrac{4}{5}}=\sqrt{\dfrac{20}{25}} より,$$

$$\sqrt{\dfrac{2}{25}}<\sqrt{\dfrac{4}{25}}<\sqrt{\dfrac{10}{25}}<\sqrt{\dfrac{20}{25}} だから, \dfrac{\sqrt{2}}{5}<\dfrac{2}{5}<\sqrt{\dfrac{2}{5}}<\dfrac{2}{\sqrt{5}}$$

答 $\dfrac{\sqrt{2}}{5}<\dfrac{2}{5}<\sqrt{\dfrac{2}{5}}<\dfrac{2}{\sqrt{5}}$

(2) a が自然数（正の整数）だから $10-a$ は10未満。$\sqrt{10-a}$ が整数になるのは，$10-a$ の値が10未満の平方数（下のポイント参照）か0のときだから，$10-a$ の値は 9, 4, 1, 0 が考えられ，$a=1$, 6, 9, 10

答 $a=1$, 6, 9, 10

ここがポイント

素因数分解・因数分解

[1] 素因数分解

① 素数……………………1とその数自身でしか割り切れない数（約数が2個だけの数）

（例）20以下の素数は **2, 3, 5, 7, 11, 13, 17, 19**

② 素因数分解…………数を素数だけの積で表すこと

③ 平方数（へいほうすう）の見つけ方…素因数分解したときに指数がすべて偶数になる数は，平方数（**自然数を2乗してできる数**）である （例）$144=2^4\times3^2=(2^2\times3)^2=12^2$

[2] 因数分解

① 因数分解…数式をできるだけ簡単な**数や式の積**の形で表すこと

② 因数分解の方法

1) **共通因数をくくり出す**……………$ax+bx=(a+b)x$

2) **乗法公式を利用する**……………$x^2+6x+8=x^2+(2+4)x+2\times4=(x+2)(x+4)$

3) 一部を（　）でくくって，**共通因数をつくる**

………………$ax+bx-ay-by=(a+b)x-(a+b)y=(a+b)(x-y)$

例題 次の問いに答えなさい。

(1) $\sqrt{28a}$ が自然数となる自然数 a のうち，小さい方から2つを求めなさい。

(2) xy^2-4x を因数分解しなさい。

(3) x^2-y^2+6y-9 を因数分解しなさい。

解法

(1) 与式 $=\sqrt{2^2\times7\times a}$ だから，与式が自然数となる a の値は $7\times n^2$（n は自然数）と表せる。

小さい方から求めると，$n=1$ のとき $a=7\times1^2=7$，$n=2$ のとき $a=7\times2^2=28$ 答 7, 28

(2) 与式 $=x(y^2-4)=x(y+2)(y-2)$ 答 $x(y+2)(y-2)$

(3) 与式 $=x^2-(y^2-6y+9)=x^2-(y-3)^2=\{x+(y-3)\}\{x-(y-3)\}=(x+y-3)(x-y+3)$

答 $(x+y-3)(x-y+3)$

1 次の計算をしなさい。

(1) $6 \div (4 - 6) - 3 \times (1 - 5)$

(2) $3(x + 2y) - 4(x - y)$

(3) $\dfrac{3x + y}{4} - \dfrac{x - y}{6}$

(4) $4\sqrt{3} + \sqrt{108}$

2 次の問いに答えなさい。

(1) 次の数の平方根を求めなさい。

① 64

② 0.01

(2) 次の数の大小関係を不等号で表しなさい。

① 5, $\sqrt{26}$, $3\sqrt{3}$

② -3, $-2\sqrt{2}$, $-\sqrt{10}$

(3) 次の数のうち，無理数をすべて選んで書きなさい。

$-\sqrt{64},\ \dfrac{\sqrt{5}}{3},\ 0,\ \sqrt{3} - 1,\ \pi,\ \sqrt{\dfrac{81}{49}}$

(4) 絶対値が$\sqrt{5}$より小さい整数をすべて求めなさい。

(5) $x = \sqrt{7} + 2$のとき，$x^2 - 4x$の値を求めなさい。

3 次の問いに答えなさい。

(1) 1個 x 円の品物を8個買って，1000円札を出したら y 円のおつりがあった。この関係を x，y を使った等式で表しなさい。

(2) a L の水が入る水そうに，毎分 b L ずつ8分間水を入れ続けても満水にならない。この関係を a，b を使った不等式で表しなさい。

4 次の数を素因数分解しなさい。

(1) 100   (2) 162   (3) 288

5 504に自然数をかけて，計算結果をある整数の2乗になるようにしたい。できるだけ小さな自然数をかけるとき，いくつをかければよいか求めなさい。

6 $\sqrt{60a}$ が自然数となる自然数 a のうち，最も小さい a の値を求めなさい。

$a =$

7 次の式を因数分解しなさい。

(1) $x^2 - 5xy$ (2) $x^2 + 3x - 40$

(3) $x^2 - 9$ (4) $x^2 - 8x + 16$

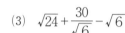
数学

1 次の計算をしなさい。

(1) $(8-5)^2-(-6) \times 2 \div 4$

(2) $\dfrac{3}{2}x - 6y - \dfrac{1}{4}(3x - 8y)$

(3) $\sqrt{24} + \dfrac{30}{\sqrt{6}} - \sqrt{6}$

(4) $(\sqrt{3}+5)(\sqrt{3}-1) + \sqrt{12}$

2 次の問いに答えなさい。

(1) A町から峠を越えてB町まで$x$kmの道のりを歩いた。A町から峠までを時速4km，峠からB町までを時速6kmで歩いたら，かかった時間は全部で4時間以内であった。A町から峠までの道のりを$y$kmとするとき，これらの数量の関係を不等式で表しなさい。

(2) ある中学校の昨年の入学者は，男子がx人で女子がy人であった。今年の入学者は，男子が7％増え，女子が3％減った。このとき，今年の男子と女子の入学者数をそれぞれx，yを使って表しなさい。

| 男子 | 人 | 女子 | 人 |

(3) 長さ170cmの1本の糸がある。この糸の一方の端から順に長さ15cmの糸をa本切り取ると，残りの糸の長さは$b$cmであった。このとき，bをaの式で表しなさい。

$b =$

3 次の問いに答えなさい。

(1) 絶対値が$\sqrt{2}$以上$\sqrt{7}$以下の整数をすべて求めなさい。

(2) $\dfrac{4}{\sqrt{2}}$より大きく$4\sqrt{2}$より小さい整数をすべて求めなさい。

(3) $x = 3\sqrt{2}+8$，$y = \sqrt{2}+2$のとき，$x^2 - 7xy + 12y^2$の値を求めなさい。

4 次の式を因数分解しなさい。

(1) $(x+4)(x-4)+6x$

(2) $(x+2)^2-5(x+2)-14$

(3) $3x^2-30x+75$

(4) x^2-y^2-2y-1

5 次の問いに答えなさい。

(1) $\sqrt{4950a}$ が整数となるような自然数 a のうち，最も小さい a の値を求めなさい。

(2) $\sqrt{25+a}$ が自然数となるような50以下の自然数 a の値をすべて求めなさい。

(3) $\sqrt{\dfrac{540}{n}}$ が整数となるような自然数 n は何個あるか，求めなさい。

個

(4) 一の位が0でない2けたの自然数Pがあり，Pの十の位の数と一の位の数を入れかえた数をQとする。
P－Q＝45であり，$\sqrt{P+Q}$ が自然数となるとき，Pの値を求めなさい。

P =

2 方程式

ここがポイント

いろいろな方程式の解き方

1 比例式……………… $a:b=c:d$ のとき，$ad=bc$

2 小数を含む方程式…両辺を10倍，100倍などして整数の式に直す

3 分数を含む方程式…両辺に**分母の最小公倍数**をかける

4 連立方程式………… 2つの方程式から1つの文字を消去する（**加減法・代入法**）

5 2次方程式………… **因数分解**による解き方，**平方根**による解き方，**解の公式**による解き方

解の公式

$ax^2+bx+c=0 \quad a\neq0$

$x=\dfrac{-b\pm\sqrt{b^2-4ac}}{2a}$

例題 次の方程式を解きなさい。

(1) $(3x-1):4=3:2$

(2) $0.8x-4=1.2(x-1)$

(3) $\dfrac{x}{2}-\dfrac{4x-13}{3}=1$

(4) $\begin{cases}3x+2y=5\\y=-2x+1\end{cases}$

(5) $x^2+x-12=0$

(6) $3x^2-4x-2=0$

解法

(1) $2(3x-1)=4\times3$

$6x-2=12$

$6x=12+2$

$6x=14$

$x=\dfrac{7}{3}$ 　　答 $x=\dfrac{7}{3}$

(2) $10\times0.8x-10\times4=10\times1.2(x-1)$

$8x-40=12(x-1)$

$8x-40=12x-12$

$8x-12x=-12+40$

$-4x=28$

$x=-7$ 　　答 $x=-7$

(3) $\dfrac{x}{2}\times6-\dfrac{4x-13}{3}\times6=1\times6$

$3x-2(4x-13)=6$

$3x-8x+26=6$

$-5x=6-26$

$-5x=-20$

$x=4$ 　　答 $x=4$

(4) $3x+2y=5$ に $y=-2x+1$ を代入すると，

$3x+2(-2x+1)=5$

$3x-4x+2=5$

$-x=5-2$

$-x=3$

$x=-3$

$y=-2x+1$ に $x=-3$ を代入すると，

$y=-2\times(-3)+1=7$

答 $\begin{cases}x=-3\\y=7\end{cases}$

(5) $(x+4)(x-3)=0$

$x=-4,3$ 　　答 $x=-4,3$

(6) 2次方程式の解の公式より，

$x=\dfrac{-(-4)\pm\sqrt{(-4)^2-4\times3\times(-2)}}{2\times3}=$

$\dfrac{4\pm\sqrt{40}}{6}=\dfrac{4\pm2\sqrt{10}}{6}=\dfrac{2\pm\sqrt{10}}{3}$

答 $x=\dfrac{2\pm\sqrt{10}}{3}$

文章題の解き方の手順

1) 問題文をよく読んで，わかっていること，何を求めるかを整理し，**何を文字にするかを決める**

2) 数量関係を表す方程式を立てる…大きい，小さい，等しいなどの**大小を表す言葉**，合計を表す数値，単位を表す言葉に注目する

3) 方程式を解く

4) 解が問題に適しているかどうか確かめる…解を問題にあてはめてみて不自然ではないかを確かめる（特に，解が**負の数**や**整数以外の数**のときに注意する）

例題 何本かの鉛筆がある。この鉛筆をあるクラスの生徒に3本ずつ配ると28本余り，4本ずつ配ると6本不足する。鉛筆は全部で何本あるか求めなさい。

解法 生徒の人数をx人とし，xを使って鉛筆の本数を2通りに表す。

鉛筆の本数は，3本ずつ配ると28本余ることから$(3x+28)$本，4本ずつ配ると6本不足することから$(4x-6)$本と表せる。鉛筆の本数についての式を立てると，$3x+28=4x-6$

これを解くと$x=34$となる。これは問題に適しているから，鉛筆は全部で，$3×34+28=130$（本）

答 130本

例題 英太さんは，自宅から3km離れた駅まで行った。はじめは自転車に乗って分速300mで走ったが，途中でおじさんの家に自転車を置き，そこからは分速60mで歩き，全体で18分かかった。自転車で走った時間と道のりを求めなさい。

解法 自転車で走った時間をx分，歩いた時間をy分とする。

全体で18分かかったから，$x+y=18$

自転車で走った道のりは$300x$m，歩いた道のりは$60y$mで，全部で3km＝3000mあるから，道のりの合計について，$300x+60y=3000$

これらを連立方程式として解くと，$x=8$，$y=10$

これらは問題に適しているから，自転車で走った時間は8分，道のりは，$300×8=2400$（m）

答 時間…8分，道のり…2400m

例題 教子さんは，右の図のような正方形の画用紙の4すみから1辺が4cmの正方形を切り取り，折り曲げてふたのない直方体の形をした紙の容器をつくることにした。この容器の容積が180cm²となるとき，はじめの正方形の画用紙の1辺の長さを求めなさい。

ただし，容器をつくるときののりしろは考えないものとする。

解法 はじめの正方形の画用紙の1辺の長さを$x$cmとする（$x>8$）。

紙の容器の底面は，1辺の長さが$x-4×2=x-8$（cm）の正方形となるから，容器の容積はxを使って，$(x-8)^2×4=4(x-8)^2$（cm²）と表せる。

容積は180cm²なので，$4(x-8)^2=180$を解くと，$(x-8)^2=45$ $x-8=±3\sqrt{5}$ $x=8±3\sqrt{5}$

$x>8$より，$x=8+3\sqrt{5}$だから，はじめの正方形の1辺の長さは$(8+3\sqrt{5})$cmである。

答 $(8+3\sqrt{5})$cm

1 次の方程式を解きなさい。

(1)　$3 : 4 = x : 20$

(2)　$3 : (x + 2) = 5 : x$

(3)　$3x - 5 = x + 7$

(4)　$-3x + 2 = 2x - 8$

(5)　$\begin{cases} 3x - y = 9 \\ 2x + y = 1 \end{cases}$

(6)　$\begin{cases} 2x + 3y = -5 \\ 3x - 4y = 18 \end{cases}$

(7)　$\begin{cases} y = x - 3 \\ 5x - 6y = 9 \end{cases}$

(8)　$\begin{cases} x = 3y + 22 \\ 2x + 3y = 8 \end{cases}$

(9)　$x^2 + 4x = 0$

(10)　$x^2 - x - 20 = 0$

(11)　$(x + 2)^2 = 9$

(12)　$x^2 + 6x = 2$

(13)　$x^2 - 3x - 1 = 0$

(14)　$x^2 + 4x - 7 = 0$

(15)　$5x^2 + 2x - 1 = 0$

(16)　$3x^2 - x - 2 = 0$

2　教子さんはスーパーにスイカを買いに行った。スイカは元の値段の30%引きで売られていたので，1190円で買うことができた。このとき，スイカの元の値段を求めなさい。

	円

3　教子さんは近所の幼稚園の「ふれあいもちつき大会」に参加した。つくったもちを園児たちに分けようとしたところ，1人に5個ずつだと45個余り，7個ずつだと9個足りなかった。つくったもちの個数を求めなさい。

	個

4　10円切手，50円切手，80円切手を合わせて28枚買ったところ，代金の合計は1400円になった。買った10円切手の枚数が6枚であったとき，買った50円切手，80円切手の枚数を求めなさい。

50円切手	枚	80円切手	枚

5　英太さんの家庭では，昨年1月の電気代と水道代の1日当たりの合計額は530円だった。その後，家族で節電・節水を心がけたため，今年1月には1日当たりの金額が，昨年1月と比較して電気代は15%，水道代は10%それぞれ減り，合計額は460円となった。昨年1月の1日当たりの電気代と水道代を求めなさい。

電気代	円	水道代	円

6　ある正方形の縦を2cmのばし，横を3cmのばして長方形をつくると，長方形の面積は，もとの正方形の面積の2倍になった。もとの正方形の1辺の長さを求めなさい。

	cm

数
学

1　次の問いに答えなさい。

(1)　方程式 $\dfrac{4x-5}{3} = 2x-9$ を解きなさい。

(2)　x についての方程式 $ax+3 = 8x-7$ の解が5であるとき，a の値を求めなさい。

$a =$

(3)　x, y についての連立方程式 $\begin{cases} ax+by=-11 \\ bx-ay=13 \end{cases}$ の解が $x=3$，$y=-1$ であるとき，a, b の値を求めなさい。

| $a =$ | $b =$ |

2　教英中学校の講堂で卒業式を行うことになった。卒業生を長いすに座らせるとき，1脚に7人ずつ座らせると12人が座れなかった。そこで9人ずつ座らせたところ，だれも座らない長いすが1脚と，6人掛けの長いすが1脚できた。卒業生の人数を求めなさい。

人

3　教子さんと英太さんは修学旅行で，午前6時30分に教英中学校を出発し，200km離れた目的地へバスで向かった。教英中学校から途中の休憩地点までを時速40kmで走り，休憩地点で30分間休憩した後，休憩地点から目的地までを時速60kmで走ったところ，午前11時に到着した。学校から休憩地点までの道のりと休憩地点までにかかった時間を求めなさい。

| 道のり | 時間 |
| km | 時間 |

4　英太さんの住む町では空き缶のリサイクルを推進するため，アルミ缶1個を2円，スチール缶1個を1円と交換している。英太さんの通う教英中学校では，アルミ缶とスチール缶を集めて交換したお金を寄付することにした。教英中学校では先月，アルミ缶とスチール缶を合わせて4000個集めてお金と交換した。今月は先月と比べて，アルミ缶の個数が20%，スチール缶の個数が10%増えたので，先月より1150円多く交換することができた。今月集めたアルミ缶の個数を求めなさい。

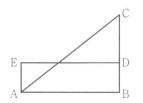

　　　　　　　　　個

5　右の図のように，辺ABが共通な△ABCと長方形ABDEがあり，辺BC上に点Dがある。ABはBDより6cm長く，ABとBDの長さの和はACの長さに等しい。CD＝4cmのとき，BDの長さを求めなさい。

BD ＝　　　　　　cm

6　教子さんは，スタート地点からA地点，B地点を経てゴール地点まで，全長3kmのコースを走った。スタート地点からA地点までは分速150mで8分間走り，A地点からB地点までは分速120mで走った。そして，B地点からゴール地点までは分速180mで走ると，スタートしてからゴールまで22分かかった。このとき，次の問いに答えなさい。

(1)　A地点からB地点までの道のりをxm，B地点からゴール地点までの道のりをymとして，x，yについての連立方程式をつくり，x，yの値を求めなさい。

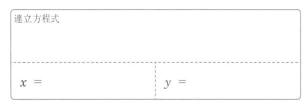

連立方程式

$x =$　　　　　　　　$y =$

(2)　翌日も教子さんは同じコースを走った。スタート地点からB地点までは一定の速さで走り，B地点からゴール地点までは分速180mで走ると，スタートしてからゴールまで22分かかった。スタート地点からB地点までを走った速さは分速何mか，求めなさい。

分速　　　　　　m

Point!
3　関数

ここがポイント 👆

グラフの式を求める

1　グラフの種類と式の形

① **直線**……$y = ax + b$（a は**傾き**，b は**切片**）　原点を通れば $y = ax$（比例）

② **双曲線**…$y = \dfrac{a}{x}$（反比例）

③ **放物線**…$y = ax^2$

2　グラフが点を通る…通る座標の値を，グラフを表す式の x，y に代入すると，式が成り立つ

例題　右の図において，A$(2, 3)$，B$(0, 3)$，C$(-3, 3)$，D$(2, -1)$ のとき，関数①～④のそれぞれのグラフについて，y を x の式で表しなさい。

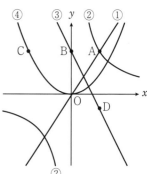

解法

①　原点を通る直線だから $y = ax$ とおく。

点Aを通るから $x = 2$，$y = 3$ を代入すると，$3 = 2a$　$a = \dfrac{3}{2}$

よって，$y = \dfrac{3}{2}x$　　　　　　　　　　　　　　　　**答**　$y = \dfrac{3}{2}x$

②　双曲線だから $y = \dfrac{b}{x}$ とおく。点Aを通るから $x = 2$，$y = 3$ を代入すると，$3 = \dfrac{b}{2}$　$b = 6$　　よって，$y = \dfrac{6}{x}$　　**答**　$y = \dfrac{6}{x}$

③　y 軸上の点Bを通る直線だから $y = cx + 3$ とおく。点Dを通るから $x = 2$，$y = -1$ を代入すると，$-1 = 2c + 3$　$2c = -4$　$c = -2$　　　　よって，$y = -2x + 3$　　**答**　$y = -2x + 3$

④　原点を通る放物線だから $y = dx^2$ とおく。点Cを通るから $x = -3$，$y = 3$ を代入すると，$3 = d \times (-3)^2$　$9d = 3$　$d = \dfrac{1}{3}$　　　　よって，$y = \dfrac{1}{3}x^2$　　**答**　$y = \dfrac{1}{3}x^2$

ここがポイント 👆

座標・長さを求める　　長さの単位は，指示がない限りつけない

1　x 軸との交点を求める　→　$y = 0$ を代入する

2　y 軸との交点を求める　→　$x = 0$ を代入する（切片を求める）

3　グラフとグラフの交点を求める　→　連立方程式を解く

4　x 軸に平行な線分の長さは，x 座標の差に等しい　　長さ＝（右の x 座標）－（左の x 座標）

5　y 軸に平行な線分の長さは，y 座標の差に等しい　　長さ＝（上の y 座標）－（下の y 座標）

例題　右の図において，直線①の式は $y = \dfrac{1}{2}x + 10$，直線②の式は $y = 2x + 4$ である。

　　2直線の交点をA，直線①と y 軸との交点をB，直線②と x 軸との交点をCとするとき，△ABCの面積を求めなさい。

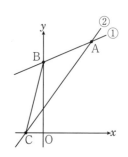

解法　直線②とy軸との交点をDとすると，△ABCの面積は△ABDと△CBDの面積の和と等しくなる。

点Aは2直線の交点だから，2直線の式を連立方程式として解くと，$x=4$，$y=12$となるから，A（4, 12）

点Bは直線①の切片だから，B（0, 10）

点Cは直線②とx軸との交点だから，$y=2x+4$に$y=0$を代入すると，$0=2x+4$　$x=-2$　したがって，C（-2, 0）

D（0, 4）より，△ABDは，BD＝10-4＝6を底辺としたときの高さが，点Aと点Bのx座標の差に等しく4だから，

$$\triangle ABD = \frac{1}{2} \times 6 \times 4 = 12$$

△CBDについても同様にして，$\triangle CBD = \frac{1}{2} \times 6 \times 2 = 6$

よって，△ABC＝△ABD＋△CBD＝12＋6＝18

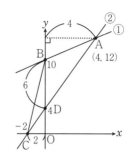

答　18

ここがポイント 👆

変域を求める　グラフをかいて，**最も高いところ**（yの最大値）と**最も低いところ**（yの最小値）を見つける

1. **直線の変域**……xの変域の両端が，yの最大値，最小値となる
2. **放物線の変域**…xの変域によってyの最大値，最小値の位置関係が変わる

　　　　xの変域に0を含めば，上に開いた放物線のときyは最小値0をとり，下に開いた放物線のときyは最大値0をとる

例題　$y=\dfrac{1}{2}x^2$について，xの変域が$-2 \leqq x \leqq 4$のとき，yの変域を求めなさい。

解法　$\dfrac{1}{2}>0$より，$y=\dfrac{1}{2}x^2$（$-2 \leqq x \leqq 4$）のグラフは右の図のようになる。$x=0$のとき$y=0$，$x=4$のとき$y=\dfrac{1}{2} \times 4^2 = 8$だから，$0 \leqq y \leqq 8$　答　$0 \leqq y \leqq 8$

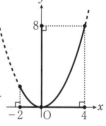

ここがポイント 👆

面積を2等分する直線の式を求める

1. **三角形の頂点を通り面積を2等分する直線は，その頂点の向かいにある辺の中点を通る**
2. **平行四辺形の面積を2等分する直線は，2本の対角線の交点（対角線の中点）を通る**
3. A（x_1, y_1），B（x_2, y_2）のとき，2点A，Bの中点の座標は，$\left(\dfrac{x_1+x_2}{2}, \dfrac{y_1+y_2}{2}\right)$

例題　右の図において，点Aを通り△ABCの面積を2等分する直線の式を求めなさい。

解法　2点B，Cの中点の座標は，$\left(\dfrac{1+5}{2}, \dfrac{-2+4}{2}\right) = (3, 1)$

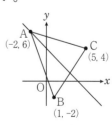

求める直線を$y=ax+b$とおく。

点Aを通るから，$x=-2$，$y=6$を代入すると，$6=-2a+b$

（3, 1）を通るから，$x=3$，$y=1$を代入すると，$1=3a+b$

これらの連立方程式を解くと，$a=-1$，$b=4$となるから，求める直線の式は，$y=-x+4$

また，直線の式を求める方法として，上記のように連立方程式を使って求める方法の他に，

A（-2, 6），（3, 1）から傾き$\dfrac{1-6}{3-(-2)}=-1$を求めて，$y=-x+b$とし，点Aを通ることからこの式に$x=-2$，$y=6$を代入してbを求める方法もある。　　　　　答　$y=-x+4$

1 右の図のように，関数 $y = x^2$ のグラフ上に x 座標がそれぞれ -3，1 となる点A，Bをとるとき，次の問いに答えなさい。

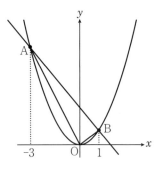

(1) 点Aの y 座標を求めなさい。

$y =$

(2) 点Bの y 座標を求めなさい。

$y =$

(3) 2点A，Bを通る直線の式を求めなさい。

(4) △OABの面積を求めなさい。

(5) 点Oを通り，△OABの面積を2等分する直線の式を求めなさい。

2 右の図において，①は関数 $y = ax^2$ のグラフで，①上に2点A$(-2, 2)$，B$(6, b)$ がある。このとき，次の問いに答えなさい。

(1) a の値を求めなさい。

$a =$

(2) b の値を求めなさい。

$b =$

(3) 2点A，Bを通る直線の式を求めなさい。

(4) △OABの面積を求めなさい。

(5) ①上の点Oと点Bの間に点Pを，△OABと△PABの面積が等しくなるようにとるとき，点Pの座標を求めなさい。

P (　　　，　　　)

3 右の図において，①は関数 $y = x^2$ のグラフで，②は関数 $y = x + 2$ のグラフである。点Aは①と②の交点のうち x 座標が2の点である。2点B，Cは①上の点で，点Bの x 座標は2より大きく，線分BCは x 軸に平行である。また，点Bを通り，y 軸に平行な直線をひき，②との交点をDとする。このとき，次の問いに答えなさい。

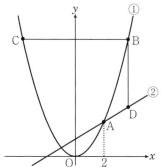

(1) 関数 $y = x^2$ で，x の変域が $-2 \leqq x \leqq 1$ のとき，y の変域を求めなさい。

(2) BC＝BDとなるときの点Bの x 座標を t とするとき，t の値を求めなさい。

$$t =$$

4 右の図において，①は関数 $y = \dfrac{1}{3} x^2$，②は $y = a x^2 \, (a < 0)$ のグラフである。2点A，Bは①上に，点Cは②上にある。点Aの x 座標は -3 であり，点Aと点Bの y 座標は等しい。点Cの座標は $(-3, -9)$ である。このとき，次の問いに答えなさい。

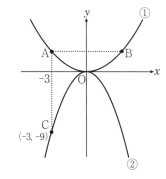

(1) a の値を求めなさい。

$$a =$$

(2) 点Bの座標を求めなさい。

B（　　，　　）

(3) 直線BCの式を求めなさい。

(4) 関数 $y = \dfrac{1}{3} x^2$ について，x の値が3から6まで増加するときの変化の割合を求めなさい。

(5) 線分BC上に点Dをとり，△ABDの面積が△ABCの面積の $\dfrac{2}{3}$ 倍になるようにする。点Dの座標を求めなさい。

D（　　，　　）

1 右の図において，①は関数 $y=ax^2\,(a>0)$，②は関数 $y=-\dfrac{1}{4}x^2$ のグラフである。点Aは①上の点であり，x 座標は2である。2点B，Cは②上の点であり，線分ACは y 軸に，線分BCは x 軸にそれぞれ平行である。このとき，次の問いに答えなさい。

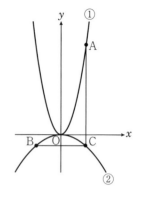

(1) 点Cの座標を求めなさい。

C（　　　，　　　）

(2) 2点A，Bを通る直線の傾きが2であるとき，a の値を求めなさい。

$a=$

2 右の図において，①は関数 $y=x^2$，②は関数 $y=-\dfrac{1}{3}x^2$ のグラフである。x 座標が a である点Aを x 軸上にとり，点Aを通り，x 軸に垂直な直線と①，②との交点をそれぞれB，Cとする。また，点B，Cと y 軸について対称な点をそれぞれD，Eとする。$a>0$ として，次の問いに答えなさい。

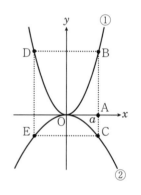

(1) 関数 $y=x^2$ について，x の変域が $-a\leqq x\leqq\dfrac{1}{2}a$ のとき，y の変域は $0\leqq y\leqq16$ である。このときの a の値を求めなさい。

$a=$

(2) 四角形BDECが正方形になるとき，a の値を求めなさい。

$a=$

(3) 点Aと $(0,12)$ を通る直線が，四角形BDECの面積を2等分するとき，a の値を求めなさい。また，この直線の式を求めなさい。

$a=$	直線の式

3 右の図において，①は関数 $y = \dfrac{20}{x}$ $(x > 0)$ のグラフである。2点A，Bは①
上の点であり，その x 座標は，それぞれ5，2である。点Pは①上を動く点で
あり，②は点Pを通る関数 $y = ax^2$ $(a > 0)$ のグラフである。このとき，次の
問いに答えなさい。

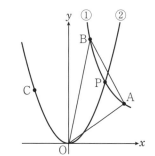

(1) ①上で，x 座標，y 座標がともに整数である点は何個あるか，求めなさい。

	個

(2) ②の形は，点Pの動きにともなって変化する。点Pが点Aと点Bの間を動
くとき，a のとりうる値の範囲を不等号で表しなさい。

(3) ②上に x 座標が -3 である点Cをとる。直線ACが△OABの面積を2等分するとき，a の値と直線ACの
式を求めなさい。

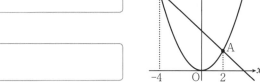

4 図1～図3のように，関数 $y = \dfrac{1}{2}x^2$ のグラフ（①）上に2点A，Bがあり，A，Bの x 座標はそれぞれ2，
-4 である。このとき，次の問いに答えなさい。

(1) 直線ABの式を求めなさい。

(2) △OABの面積を求めなさい。

(3) 図2，図3のように，点Pが①上にある。点Pを通り x 軸に平行な直線と
直線ABとの交点をQとする。点Pの x 座標を t とするとき，次の問いに答え
なさい。ただし，$2 < t < 4$ とする。

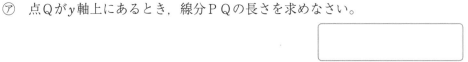

　㋐ 点Qが y 軸上にあるとき，線分PQの長さを求めなさい。

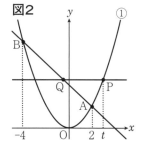

　㋑ 線分PQの長さを t で表しなさい。

　㋒ 図3のように，AB∥PRとなる点Rを①上にとる。点Pの x 座標と点
　　Rの x 座標の差が7となるとき，△PQRの面積を求めなさい。

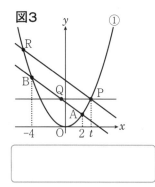

4 角度・長さを求める問題

ここがポイント 👆

角度を求めるときに使う図形の性質

1️⃣ 三角形……………………**内角**の和は**180°**，**1つ**の**外角**はこれととなり合わない**2つの内角の和**に等しい

2️⃣ 二等辺三角形…………**底角**は等しい

3️⃣ 平行線…………………**錯角**，**同位角**はそれぞれ等しい

4️⃣ 平行四辺形……………**対角**は等しい，**対辺**は等しい，**対角線**は互いの**中点**で交わる，となり合う内角の和は**180°**

5️⃣ 特別な平行四辺形……**長方形・ひし形・正方形**は特別な平行四辺形だから，4️⃣の性質をすべてもつ

　　　　　　　　　　　上記以外の性質　　**対角線**の長さは**等しい**（長方形・正方形）

　　　　　　　　　　　　　　　　　　　対角線は**垂直**に交わる（ひし形・正方形）

6️⃣ 円…………………………{
同じ弧に対する**円周角**の大きさは等しい

円周角の大きさは，同じ弧に対する**中心角**の大きさの**半分**である

弧の長さと**円周角**，**中心角**の大きさは**比例**する

半円の弧に対する**円周角は90°**

半径と**接線**は接点で**垂直**に交わる
}

例題　次の問いに答えなさい。

(1) 図1の平行四辺形ABCDにおいて，∠EAB＝98°，DE＝DC，
EB＝ECのとき，∠xの大きさを求めなさい。

図1

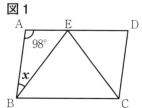

(2) 図2のように，4点A，B，C，Dが円Oの周上にある。BDは直径で，
∠BAC＝50°のとき，∠xの大きさを求めなさい。

図2

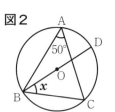

解法

(1) 平行線の錯角が等しいことと，二等辺三角形の底角が等しいことから，
右図の○印をつけた4つの角の大きさが等しいとわかる。
平行四辺形のとなり合う内角の和は180°だから，

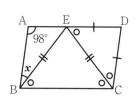

∠ADC＝∠ABC＝180°−98°＝82°

○＝$\dfrac{180°-82°}{2}$＝49°　　よって，∠x＝∠ABC−∠EBC＝82°−49°＝33°

答　∠x＝33°

(2) AとDを結ぶ。半円の弧に対する円周角は90°だから，∠BAD＝90°

同じ弧に対する円周角は等しいから，∠x＝∠CAD＝∠BAD－∠BAC＝40°

また，OとCを結ぶと，同じ弧に対する円周角と中心角から，

∠BOC＝2∠BAC＝100°　△OBCはOB＝OCの二等辺三角形だから，

∠x＝$\dfrac{180°-100°}{2}$＝40° といった解き方なども考えられる。

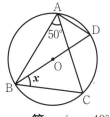

<u>答　∠x＝40°</u>

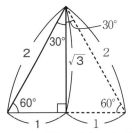

ここがポイント 👆

長さを求める

1 二等辺三角形，正三角形をさがす

2 合同または相似な三角形をさがす

3 平行線と線分の比，中点連結定理などの性質を利用する

4 三平方の定理を利用する

　　また，問題に応じて，垂線，平行線などの補助線を利用する

5 特別な直角三角形の3辺の比を利用する

　① 3辺の比が1：2：$\sqrt{3}$の直角三角形

　　　…正三角形を対称の軸で2つに分けてできる直角三角形

　　　であり，内角は30°，60°，90°

　② 3辺の比が1：1：$\sqrt{2}$の直角三角形

　　　…直角二等辺三角形，内角は45°，45°，90°

1：2：$\sqrt{3}$ の直角三角形

1：1：$\sqrt{2}$ の直角三角形
（直角二等辺三角形）

例題　右の図の四角形ABCDは平行四辺形である。点Aから辺BCに

垂線AEを引き，ACとDEの交点をFとする。AB＝CB＝2cm，

∠ABC＝60°のとき，次の問いに答えなさい。

(1) ACの長さを求めなさい。

(2) AEの長さを求めなさい。

(3) EDの長さを求めなさい。

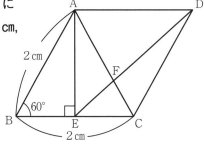

解法

(1) △ABCはAB＝CBの二等辺三角形だから，∠BAC＝∠BCA＝$\dfrac{180°-60°}{2}$＝60°

　　△ABCは3つの内角がすべて60°だから，正三角形なので，AC＝AB＝2cm

<u>答　2cm</u>

(2) △ABEは正三角形を2等分してできる直角三角形なので，BE：AB：AE＝1：2：$\sqrt{3}$

　　よって，AE＝$\dfrac{\sqrt{3}}{2}$AB＝$\dfrac{\sqrt{3}}{2}×2＝\sqrt{3}$（cm）

<u>答　$\sqrt{3}$cm</u>

(3) 平行線の錯角は等しいから，AD∥BCより，∠DAE＝∠AEB＝90°

　　平行四辺形の対辺は等しいから，AD＝BC＝2cm

　　直角三角形AEDにおいて，三平方の定理より，ED＝$\sqrt{AE^2+AD^2}＝\sqrt{(\sqrt{3})^2+2^2}＝\sqrt{7}$（cm）

<u>答　$\sqrt{7}$cm</u>

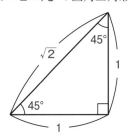

1 次の問いに答えなさい。

(1) 右の図において，2直線 ℓ，m は平行であり，△ＡＢＣはＡＢ＝ＡＣの二等辺三角形である。また，頂点Ａ，Ｃはそれぞれ ℓ，m 上にある。このとき，∠x の大きさを求めなさい。

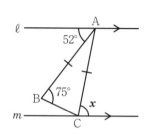

∠x ＝

(2) 右の図のような平行四辺形ＡＢＣＤにおいて，∠ＢＡＤ＝105°，∠ＢＥＣ＝80°，ＥＢ＝ＥＣのとき，∠x の大きさを求めなさい。

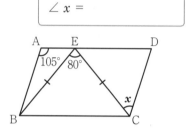

∠x ＝

(3) 右の図のように，平行四辺形ＡＢＣＤの辺ＢＣ上にＡＢ＝ＡＥとなるように点Ｅをとる。∠ＢＣＤ＝115°のとき，∠x の大きさを求めなさい。

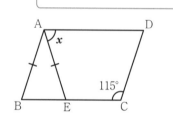

∠x ＝

(4) 右の図において，ＡＤは円Ｏの直径であり，∠ＢＡＤ＝25°のとき，∠x の大きさを求めなさい。

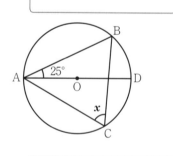

∠x ＝

(5) 右の図の△ＡＢＣにおいて，∠ＤＡＥ＝80°，ＡＤ＝ＢＤ，ＡＥ＝ＣＥのとき，∠ＢＡＣの大きさを求めなさい。

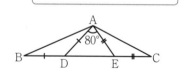

∠ＢＡＣ＝

2 次の問いに答えなさい。

(1) 右の図のように，ＡＤ∥ＢＣの台形ＡＢＣＤがある。２点Ｅ，Ｆはそれ
ぞれ辺ＡＢ，ＤＣの中点であり，ＥＦとＡＣの交点をＧとする。ＡＤ＝3cm，
ＢＣ＝5cmのとき，ＥＦの長さを求めなさい。

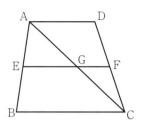

	cm

(2) 右の図において，４点Ａ，Ｂ，Ｃ，Ｄは円周上の点であり，ＡＣとＢＤ
の交点をＥとする。ＡＢ＝6cm，ＡＥ＝2cm，ＤＣ＝9cmのとき，ＤＥの
長さを求めなさい。

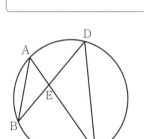

	cm

(3) 右の図のように，円Ｏの周上に２点Ａ，Ｂがあり，∠ＯＡＢ＝30°である。
ＡＢ＝$3\sqrt{3}$cmのとき，円Ｏの半径を求めなさい。

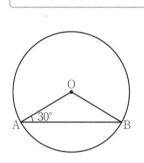

	cm

(4) 右の図の直方体ＡＢＣＤ－ＥＦＧＨにおいて，ＡＢ＝ＢＣ＝2cm，
ＡＥ＝4cmのとき，線分ＡＧの長さを求めなさい。

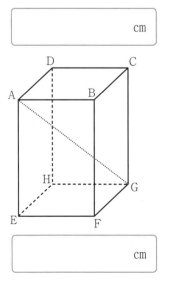

	cm

数学

1 次の問いに答えなさい。

(1) 右の図のように，円Oの周上に4点A，B，C，Dがあり，線分ACは点Oを通る。点Bを含まない$\overset{\frown}{AD}$の長さと点Bを含まない$\overset{\frown}{DC}$の長さの比が3：2のとき，∠ABDの大きさを求めなさい。

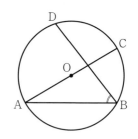

∠ABD ＝

(2) 右の図において，5点A，B，C，D，Eは円Oの周上にあり，∠BAC＝24°，∠CED＝38°，$\overset{\frown}{CD}＝\overset{\frown}{DE}$である。線分BDと線分CEの交点をFとするとき，∠CFDの大きさを求めなさい。

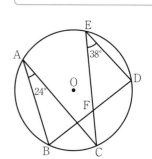

∠CFD ＝

(3) 右の図の∠xの大きさを求めなさい。

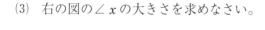

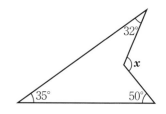

∠x ＝

2 次の問いに答えなさい。

(1) 右の図のように，線分ABを直径とする円Oの円周上に，点Cをとる。円Oと，COの延長との交点をDとし，点Cを通る円Oの接線と∠BOCの二等分線との交点をEとする。OB＝4cm，∠BOD＝120°のとき，線分CEの長さを求めなさい。

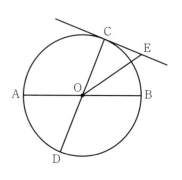

CE ＝　　　　cm

(2) 右の図のような長方形の紙ＡＢＣＤを，頂点Ｄが辺ＢＣ上にくるように
　　折り，頂点Ｄが移った点をＦ，折り目の線分をＡＥとする。さらに辺ＡＢ
　　が辺ＡＦに重なるように折り，頂点Ｂが移った点をＨ，折り目の線分を
　　ＡＧとする。ＡＢ＝12cm，ＡＤ＝13cmのとき，線分ＦＧの長さを求めなさい。

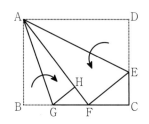

ＦＧ＝	cm

(3) 右の図の△ＡＢＣはＡＢ＝ＡＣの二等辺三角形である。∠ＡＢＣの二等
　　分線と，点Ａを通りＢＣに平行な直線との交点をＤとし，ＡＣとＢＤの交
　　点をＥとする。ＡＢ＝ＡＣ＝5cm，ＢＣ＝3cmのとき，ＣＥの長さを求め
　　なさい。

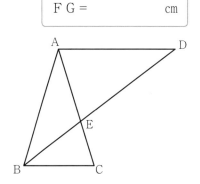

ＣＥ＝	cm

(4) 右の図は，1辺の長さが6cmである正方形ＡＢＣＤを底面とし，点Ｅを
　　頂点とする正四角すいであり，高さは6cmである。辺ＡＥ上にＡＦ：ＦＥ＝
　　1：2となる点Ｆをとるとき，2点Ｃ，Ｆ間の距離を求めなさい。

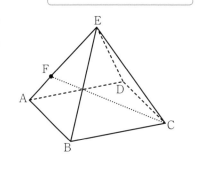

ＣＦ＝	cm

(5) 右の図は，各辺の長さがすべて8cmの正四角すいである。辺ＢＣ，ＤＥ
　　の中点をそれぞれＰ，Ｑとし，点Ｐから点Ｑまで側面に糸をかける。この
　　糸の長さが最も短くなるときの糸の長さを求めなさい。

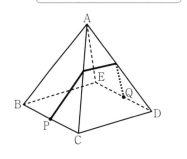

	cm

Point! 5　面積・体積を求める問題

ここがポイント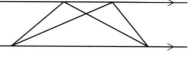

面積を求める

1 平行線を利用すれば，**面積が等しいまま三角形を変形できる**

2 高さが等しい2つの三角形は，**底辺の長さの比と面積比が等しい**

3 **相似比と面積比**…**相似比が$a:b$ならば，面積比は$a^2:b^2$**

4 立体の側面積・表面積（πは円周率）

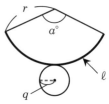

① 円すいの側面積　→　$\pi r^2 \times \dfrac{a}{360}$ または $\dfrac{1}{2}\ell r$ または $\pi q r$（記号は右図参照）

② 球の表面積　→　$4\pi r^2$（rは球の半径）

例題　次の問いに答えなさい。

(1) 右の図の△ABCの面積は8cm²で，BD：DC＝5：3である。このとき，△ABDの面積を求めなさい。

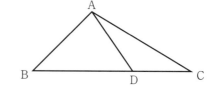

(2) 右の図で，△ABCと△DEFは相似であり，その相似比は2：3である。このとき，△ABCの面積と△DEFの面積の比を求めなさい。

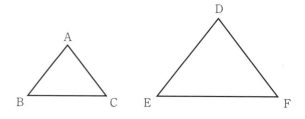

(3) 半径が4cmの球の表面積を求めなさい。ただし，円周率はπとする。

解法

(1) 高さが等しいから，△ABC：△ABD＝BC：BD＝（5＋3）：5＝8：5

$\triangle ABD = \dfrac{5}{8}\triangle ABC = \dfrac{5}{8} \times 8 = 5$（cm²）

答　5cm²

(2) △ABC：△DEF＝$2^2:3^2$＝4：9

答　4：9

(3) $4\pi \times 4^2 = 64\pi$（cm²）

答　64πcm²

ここがポイント 👆

体積を求める

1. 角柱・円柱の体積　→　（底面積）×（高さ）

2. 角すい・円すいの体積　→　$\dfrac{1}{3}$×（底面積）×（高さ）

3. 球の体積　→　$\dfrac{4}{3}\pi r^3$（rは球の半径，πは円周率）

4. 相似比と体積比…**相似比が $a:b$ ならば，体積比は $a^3:b^3$**

5. 回転体…円すい，円柱，球，またはそれらを組み合わせた立体となる

例題　次の問いに答えなさい。

(1) 右の図は，底面の半径が3cm，母線の長さが4cmの円すいである。
　　この円すいの体積を求めなさい。
　　　ただし，円周率は π とする。

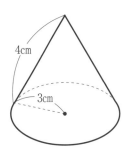

(2) 右の図で，四角すいAと四角すいBは相似であり，
　　相似比は2：3である。このとき，四角すいAの体積
　　と四角すいBの体積の比を求めなさい。

四角すいB

四角すいA

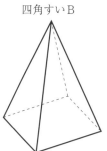

(3) 右の図で，半径が3cmの半円を，直線 ℓ を軸として1回転させて
　　できる立体の体積を求めなさい。
　　　ただし，円周率は π とする。

ℓ

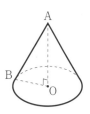

解法

(1) 右の図のように記号をつける。直角三角形AOBにおいて，三平方
　　の定理より，$AO = \sqrt{AB^2 - BO^2} = \sqrt{7}$（cm）
　　よって，求める体積は，$\dfrac{1}{3} \times 3^2 \pi \times \sqrt{7} = 3\sqrt{7}\pi$（cm³）

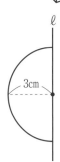

答　$3\sqrt{7}\,\pi$ cm³

(2) （四角すいAの体積）：（四角すいBの体積）$= 2^3 : 3^3 = 8 : 27$

答　$8 : 27$

(3) できる立体は，半径が3cmの球である。
　　この球の体積は，$\dfrac{4}{3} \times 3^3 \pi = 36\pi$（cm³）

答　36π cm³

1　右の図は，半径4cm，中心角60°のおうぎ形である。このおうぎ形
の面積を求めなさい。
　　ただし，円周率はπとする。

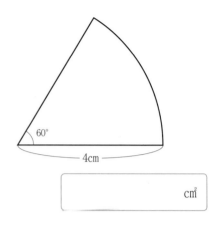

cm²

2　右の図で，2点D，Eは△ABCの辺BC上にあり，BD：DE：EC＝
1：3：2である。このとき，△ADEの面積は△ABCの面積の何倍か，
求めなさい。

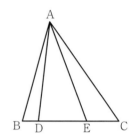

倍

3　右の図で，△ABCと△DEFは相似であり，その相似比
は1：3である。このとき，△DEFの面積は△ABCの面
積の何倍か，求めなさい。

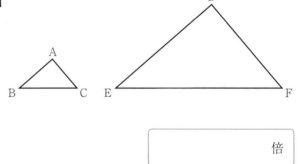

倍

4　右の図は，半径4cmの球を半分に切ってできた半球である。この
半球の表面積と体積を求めなさい。
　　ただし，円周率はπとする。

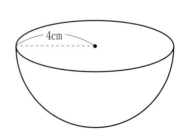

表面積	体積
cm²	cm³

5 右の図で，長方形ＡＢＣＤを，辺ＣＤを軸として１回転させてできる立体の体積を求めなさい。

ただし，円周率は π とする。

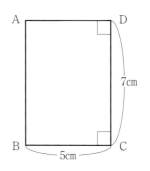

cm³

6 右の図で，円すいＰと円すいＱは相似であり，底面の半径はそれぞれ２cm，３cmである。このとき，円すいＱの体積は円すいＰの体積の何倍か，求めなさい。

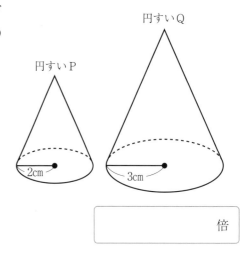

倍

7 右の図は，円すいの投影図である。この円すいの表面積を求めなさい。

ただし，円周率は π とする。

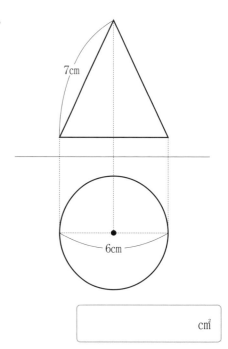

cm²

1 右の図のように，平行四辺形ＡＢＣＤがある。点Ｅは辺ＢＣ上の点で，ＢＥ：ＥＣ＝１：２である。点Ｆは辺ＣＤの中点である。平行四辺形ＡＢＣＤの面積が84cm²のとき，四角形ＡＥＣＦの面積を求めなさい。

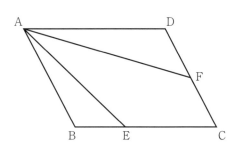

cm²

2 右の図のように，直角三角形ＡＢＣと中心角が90°のおうぎ形ＢＤＣを合わせた図形がある。ＡＢ＝８cm，ＡＣ＝10cmのとき，この図形を，直線ＡＤを軸として１回転させてできる立体の体積を求めなさい。
　　ただし，円周率はπとする。

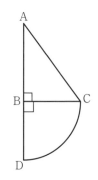

cm³

3 右の図のようなおうぎ形ＯＡＢがあり，ＡＢ上に２点Ａ，Ｂと異なる点Ｃをとり，点Ｃと点Ｏを結ぶ。点Ａから線分ＯＢに垂線をひき，線分ＯＢとの交点をＤとし，点Ｃから線分ＯＢに垂線をひき，線分ＯＢとの交点をＥとすると，△ＡＤＯと△ＯＥＣは合同になった。ＯＡ＝３cm，∠ＡＯＣ＝50°のとき，線分ＡＤ，ＤＥ，ＥＣ，およびＣＡで囲まれた部分の面積を求めなさい。
　　ただし，円周率はπとする。

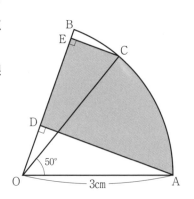

cm²

4 右の図で，△ＡＢＣは∠ＡＢＣ＝90°の直角三角形であり，辺ＡＢ上に
　 ＡＤ：ＤＢ＝２：３となるように点Ｄをとる。また，辺ＡＣ，線分ＡＤ
　 の中点をそれぞれＥ，Ｆとし，線分ＤＣと線分ＥＢとの交点をＧとする。
　 ＡＢ＝５㎝，ＢＣ＝４㎝のとき，四角形ＦＤＧＥの面積を求めなさい。

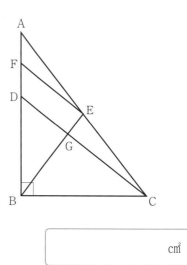

　　　　　　　　　　　　　　　　　　　　　　　　　　　　　　cm²

5 右の図のような，１辺の長さが８㎝の正四面体ＡＢＣＤがあり，辺ＡＢ，
　 ＡＤの中点をそれぞれＥ，Ｆとする。この正四面体の表面に，点Ｅから辺ＡＣ
　 を通って点Ｆまで，長さが最も短くなるように糸をかけ，糸が辺ＡＣと交わ
　 る点をＧとする。このとき，次の問いに答えなさい。

(1)　△ＥＧＦの面積を求めなさい。

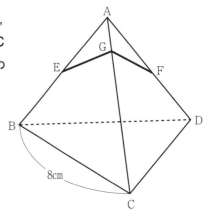

　　　　　　　　　　　　　　　　　　　　　　　　　　　　　　cm²

(2)　四面体ＡＥＧＦの体積を求めなさい。

　　　　　　　　　　　　　　　　　　　　　　　　　　　　　　cm³

Point! 6 証明問題

ここがポイント 👆

図形の証明の条件

1 2つの三角形が合同である
- ① 1組の辺とその両端の角がそれぞれ等しい
- ② 2組の辺とその間の角がそれぞれ等しい
- ③ 3組の辺がそれぞれ等しい

2 2つの直角三角形が合同である
- ① 斜辺と1つの鋭角がそれぞれ等しい
- ② 斜辺と他の1辺がそれぞれ等しい

3 2つの三角形が相似である
- ① 2組の角がそれぞれ等しい
- ② 2組の辺の比とその間の角がそれぞれ等しい
- ③ 3組の辺の比がすべて等しい

4 四角形が平行四辺形である
- ① 2組の対辺がそれぞれ平行である（平行四辺形の定義）
- ② 2組の対辺がそれぞれ等しい
- ③ 2組の対角がそれぞれ等しい
- ④ 2つの対角線がそれぞれの中点で交わる
- ⑤ 1組の対辺が平行で長さが等しい

例題 次の問いに答えなさい。

(1) 右の図の△ABCと△DEFが合同であるためには
AB＝DE，∠ABC＝∠DEFと，あと1つはどのようなことがいえればよいか，2通り答えなさい。

(2) 右の図の四角形ABCDが平行四辺形であるためには
AD∥BCと，あと1つはどのようなことがいえればよいか，2通り答えなさい。

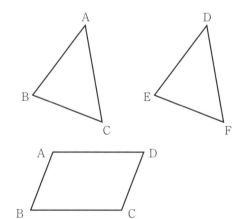

解法

(1) BC＝EFならば2組の辺とその間の角がそれぞれ等しくなり，∠BAC＝∠EDFならば1組の辺とその両端の角がそれぞれ等しくなる。

答 BC＝EF ∠BAC＝∠EDF

(2) AB∥DCならば2組の対辺がそれぞれ平行となり，AD＝BCならば1組の対辺が平行で長さが等しくなる。

答 AB∥DC AD＝BC

ここがポイント

証明のポイント

1) 仮定からわかる**等しい辺や角**に同じ印をつける

2) 図形の性質から，**等しい辺や角**を見つけ，図に同じ印をつける

3) 1)と2)を根拠として，証明できる**条件**を決める

4) 2つの図形の**対応する記号の並び**に注意して，証明をかく

例題 次の問いに答えなさい。

(1) 右の図のように，平行四辺形ＡＢＣＤがあり，対角線の交点をＯとする。対角線ＢＤ上にＯＥ＝ＯＦとなるように異なる2点Ｅ，Ｆをとる。このとき，△ＯＡＥ≡△ＯＣＦであることを証明しなさい。

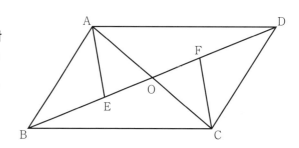

(2) 右の図の4点Ａ，Ｂ，Ｃ，Ｄは同じ円周上にあり，線分ＡＣと線分ＢＤとの交点をＥとする。このとき，△ＡＥＤ∽△ＢＥＣであることを証明しなさい。

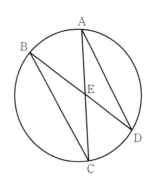

解法

(1)

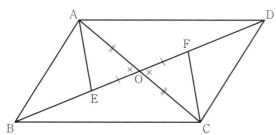

答 △ＯＡＥと△ＯＣＦにおいて，

仮定より，ＯＥ＝ＯＦ……①

平行四辺形の対角線はそれぞれの中点で交わるから，

ＯＡ＝ＯＣ……②

対頂角は等しいから，∠ＡＯＥ＝∠ＣＯＦ……③

①，②，③より，2組の辺とその間の角がそれぞれ等しいから，△ＯＡＥ≡△ＯＣＦ

(2)

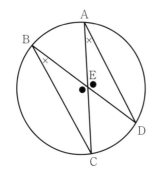

答 △ＡＥＤと△ＢＥＣにおいて，

対頂角は等しいから，∠ＡＥＤ＝∠ＢＥＣ……①

同じ弧に対する円周角の大きさは等しいから，

∠ＥＡＤ＝∠ＥＢＣ……②

①，②より，2組の角がそれぞれ等しいから，

△ＡＥＤ∽△ＢＥＣ

1 右の図は，線分ＡＣと線分ＢＤの交点をＯとして，ＡＢ＝ＤＣ，ＡＢ∥ＤＣとなるようにかいたものである。△ＯＡＢ≡△ＯＣＤであることを次のように証明した。□□□□にあてはまる辺や角，ことばを書き入れなさい。

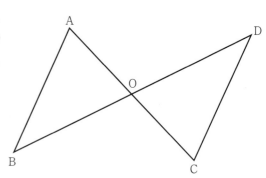

△ＯＡＢと△ＯＣＤにおいて，

仮定より，ＡＢ＝ _____ ……①

平行線の錯角は等しいから，ＡＢ∥ＤＣより，

∠ＯＡＢ＝ _____ ……②

∠ＯＢＡ＝ _____ ……③

①，②，③より， _____ がそれぞれ等しい

から，△ＯＡＢ≡△ＯＣＤ

2 右の図のように，ＡＢ＝ＡＣの二等辺三角形ＡＢＣがある。頂点Ａから底辺ＢＣに垂線ＡＨをひくとき，ＢＨ＝ＣＨであることを証明しなさい。

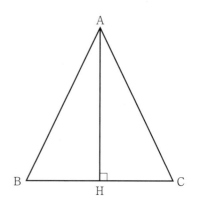

3 右の図のように，長方形ＡＢＣＤがあり，辺ＡＤ上に∠ＢＰＣ＝90°となるように点Ｐをとる。このとき，△ＡＢＰ∽△ＰＣＢであることを証明しなさい。

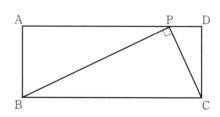

4 右の図のような△ＡＢＣがあり，辺ＢＣの中点をＤ，辺ＡＣの中点をＥとする。また，線分ＡＤと線分ＢＥとの交点をＦとする。このとき，△ＡＢＦ∽△ＤＥＦであることを証明しなさい。

5 右の図のように，円Ｏの周上に４点Ａ，Ｂ，Ｃ，Ｄがあり，線分ＡＣは円Ｏの直径である。また，点Ａから線分ＢＤに垂線をひき，交点をＨとする。このとき，△ＡＢＨ∽△ＡＣＤであることを証明しなさい。

6 右の図のように，ＡＢ＝9，ＡＣ＝12の△ＡＢＣがある。ＡＤ＝8，ＡＥ＝6となるように，辺ＡＢ，ＡＣ上にそれぞれ点Ｄ，Ｅをとる。このとき，△ＡＢＣ∽△ＡＥＤであることを証明しなさい。

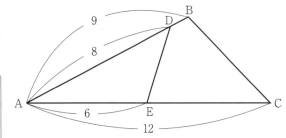

数　学

1　右の図のように，ＡＢ＝ＡＣの直角二等辺三角形ＡＢＣの辺ＢＣ上
　に点Ｄをとり，ＡＤ＝ＡＥとなる直角二等辺三角形ＡＤＥをつくる。
　このとき，△ＡＢＤ≡△ＡＣＥであることを証明しなさい。

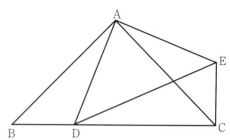

2　右の図のように，平行四辺形ＡＢＣＤを，対角線ＢＤを折り目と
　して折り返す。折り返したあとの頂点Ｃの位置をＥとし，辺ＡＤと
　線分ＢＥの交点をＦとする。このとき，△ＡＢＦ≡△ＥＤＦである
　ことを証明しなさい。

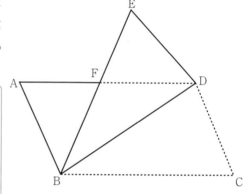

3　右の図のように，正三角形ＡＢＣの辺ＡＢ上に点Ｄ，辺ＢＣ上に
　点Ｅをとり，線分ＡＥと線分ＣＤの交点をＦとする。∠ＡＦＤ＝60°
　であるとき，ＡＥ＝ＣＤであることを証明しなさい。

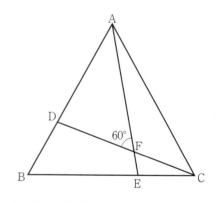

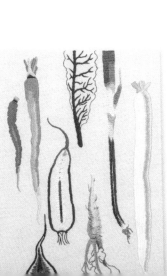

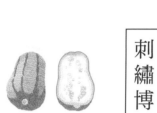

刺繡博物図 2

なくなってほしくない
美しいもの

An
Embroidered
Book
of
Natural
History
Motifs
2

by
atsumi

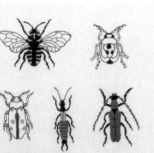

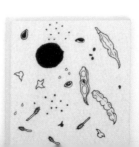

小学館

4 右の図のように，平行四辺形ＡＢＣＤの頂点Ｂを，辺ＣＤ
上の点Ｔに重なるように折り返した。折り目を線分ＰＱとし，
頂点Ａの移った点をＲ，辺ＲＴと辺ＡＤとの交点をＳとする。
このとき，△ＳＰＲ∽△ＴＱＣであることを証明しなさい。

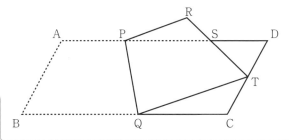

5 右の図のように，円Ｏの周上に３点Ａ，Ｂ，Ｃがあり，線分ＢＣは
円Ｏの直径である。中心Ｏを通り，線分ＡＣに垂直な直線と円Ｏとの
２つの交点をそれぞれＤ，Ｅとする。また，線分ＡＣと，線分ＢＥ，
ＤＥとの交点をそれぞれＦ，Ｇとする。このとき，△ＡＢＦ∽△ＧＤＣ
であることを証明しなさい。

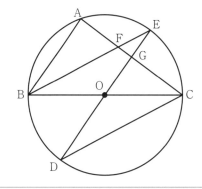

Point! 7 確率

ここがポイント 👆

場合の数を求める

1. 表を利用する
2. 樹形図を利用する

組み合わせについての場合の数は，同じ場合を２回数えてしまわないように注意する

（例）A，B，C，Dの４人からAとBが選ばれることと，BとAが選ばれることは１通りとして数える

例題 次の問いに答えなさい。

(1) 大小２つのさいころを同時に投げるとき，次の問いに答えなさい。

ただし，さいころのどの目が出ることも同様に確からしいものとする。

① 大小２つのさいころの目の出方は全部で何通りあるか，求めなさい。

② 大きいさいころの出た目の数を十の位，小さいさいころの出た目の数を一の位として２けたの整数をつくるとき，素数は何個できるか，求めなさい。

(2) 右の図のように，1，3，5，7の数字を書いた４枚のカードがある。この中から２枚のカードを取り出すとき，次の問いに答えなさい。

| 1 | 3 | 5 | 7 |

ただし，どのカードを取り出すことも同様に確からしいものとする。

① ２枚のカードを並べてできる２けたの整数は全部で何個できるか，求めなさい。

② ２枚のカードに書かれた数字の積は全部で何通りあるか，求めなさい。

解法

(1)① １つのさいころにつき目の出方は６通りあるから，大小２つのさいころの目の出方は全部で

$6^2＝36$（通り）ある。

答 36通り

② ２けたの整数が素数になる目の出方は右表の○印の８通りだから，素数は８個できる。

		小					
		1	2	3	4	5	6
大	1	○		○			
	2			○			
	3	○					
	4	○		○			
	5			○			
	6	○					

答 8個

(2)① １枚目，２枚目の順に取り出し，左から並べると考える。１枚目の取り出し方は４通りある。その１通りごとに２枚目の取り出し方が，１枚目のカードを除いた３通りある。よって，２けたの整数は全部で，$4×3＝12$（個）できる。

答 12個

② ２枚のカードの組み合わせをまとめると，右の樹形図のようになる。積は3，5，7，15，21，35の6通りある。

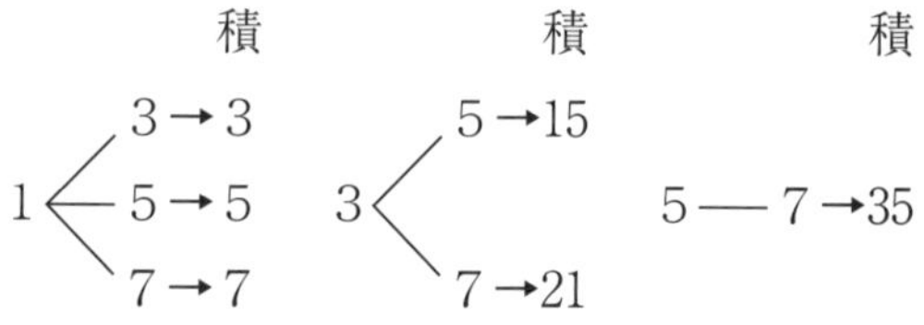

積　　　　　積　　　　　積

$3→3$　　　$5→15$

$1 < 5→5$　　$3 < $　　$5 — 7→35$

$7→7$　　　$7→21$

答 6通り

ここがポイント 👆

確率を求める

① $(あることがらの起こる確率)=\dfrac{(そのことがらが起こる場合の数)}{(起こりうるすべての場合の数)}$

② 1つのことがらについて，(起こらない確率)＝1－(起こる確率)

例題 次の問いに答えなさい。

(1) 袋の中に赤玉が3個と白玉が2個入っている。この袋の中から同時に2個の玉を取り出すとき，赤玉と白玉を1個ずつ取り出す確率を求めなさい。

ただし，どの玉を取り出すことも同様に確からしいものとする。

(2) A，B，Cの3枚の硬貨を同時に投げるとき，次の問いに答えなさい。

ただし，硬貨の表，裏の出方は同様に確からしいものとする。

① A，B，Cの3枚の硬貨のうち，表が1枚だけ出る確率を求めなさい。

② A，B，Cの3枚の硬貨のうち，少なくとも1枚は表が出る確率を求めなさい。

解法

(1) 3個の赤玉を赤₁，赤₂，赤₃，2個の白玉を白₁，白₂とし，すべての取り出し方について右のように樹形図をつくると，全部で取り出し方は10通りあることがわかる。このうち赤玉と白玉を1個ずつ取り出すのは○印の6通り。よって，求める確率は，$\dfrac{6}{10}=\dfrac{3}{5}$

答 $\dfrac{3}{5}$

(2)① A，B，Cの3枚の硬貨を同時に投げるときの表，裏の出方について，右のように樹形図をつくると，全部で表，裏の出方が8通りあることがわかる。A，B，Cの3枚の硬貨のうち，表が1枚だけ出る出方は○印の3通り。よって，求める確率は$\dfrac{3}{8}$である。

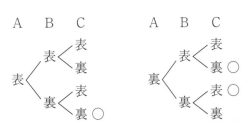

答 $\dfrac{3}{8}$

② 少なくとも1枚は表とは，「3枚とも裏」とならないということである。A，B，Cの3枚の硬貨のうち，3枚とも裏が出る出方は△印の1通り。つまり，3枚とも裏が出る確率は$\dfrac{1}{8}$だから，3枚とも裏とならない確率は$1-\dfrac{1}{8}=\dfrac{7}{8}$である。よって，求める確率は$\dfrac{7}{8}$である。

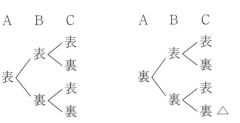

答 $\dfrac{7}{8}$

基本問題

解答 ⇨ 別冊 P.19　正解数　／8

数学

1 大小２つのさいころを同時に投げるとき，次の問いに答えなさい。
ただし，さいころのどの目が出ることも同様に確からしいものとする。

(1) 出た目の数の和が６になる確率を求めなさい。

(2) 出た目の数の積が12になる確率を求めなさい。

(3) 小さいさいころの出た目の数が，大きいさいころの出た目の数の約数になる確率を求めなさい。

2 右の図のように，２，３，５，７の数字を書いた４枚のカードがある。
この４枚のカードを並べてできる４けたの整数のうち，偶数は全部で何個できるか，求めなさい。

2	3	5	7

個

3 右の図のように，1，3，5，7の数字を書いた4枚のカードがある。この中から同時に2枚のカードを取り出すとき，取り出した2枚のカードに書いてある数の和が1けたの数になる確率を求めなさい。

ただし，どのカードを取り出すことも同様に確からしいものとする。

4 右の図のように，袋の中に1，2，3，4，5の数字を書いた玉が5個入っている。この袋の中から同時に2個の玉を取り出すとき，取り出した2個の玉に書いてある数の積が奇数になる確率を求めなさい。

ただし，どの玉を取り出すことも同様に確からしいものとする。

5 A，B，C，D，E，Fの6人から，くじで2人の当番を選ぶとき，Bが選ばれる確率を求めなさい。

6 袋の中に赤玉2個と白玉1個が入っている。この袋の中から1個の玉を取り出し，その玉を袋にもどしてから，また1個の玉を取り出すとき，少なくとも1回は赤玉が出る確率を求めなさい。

ただし，どの玉を取り出すことも同様に確からしいものとする。

数
学

1 0，1，2，3，4，5のうち，3つの異なる数字を使って3けたの整数をつくるとき，偶数は全部でいくつできるか，求めなさい。

個

2 4人の男子A，B，C，Dと3人の女子E，F，Gがいる。この中から，男子2人，女子1人を選ぶ方法は全部で何通りあるか，求めなさい。

通り

3 右の図のような，数字を書いた6枚のカードがある。この6枚のカードを裏返してよく混ぜ，そこから同時に2枚のカードを取り出すとき，2枚のカードに書かれた数の和が4になる確率を求めなさい。

ただし，どのカードを取り出すことも同様に確からしいものとする。

| 1 | 1 | 2 | 2 | 2 | 3 |

4 右の図の△ABCにおいて，頂点Aに点Pが重なっている。青と白の2つのさいころを同時に1回投げたとき，点Pは出た目の数が大きい方の数だけ矢印（→）の方向に順に移動し，2つのさいころの出た目の数が同じ場合は移動しないものとする。例えば，青のさいころの目の数が2で白のさいころの目の数が4のとき，点Pは頂点Aから4つ移動して頂点Cに止まる。このとき，点Pが頂点Bに止まる確率を求めなさい。

ただし，さいころのどの目が出ることも同様に確からしいものとする。

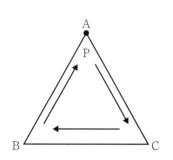

5　下の数直線上の整数の点を動く点Pがある。点Pは原点Oをスタートし，次のように動く。まず，大小2つのさいころを同時に1回投げて，大きいさいころの出た目の数だけ正の方向に進み，次に小さいさいころの出た目の数だけ負の方向に進んで止まる。例えば，大きいさいころは6，小さいさいころは4が出た場合，正の方向に6，負の方向に4進み，点Aに止まる。この場合の目の出方を〔6，4〕と表す。このとき，次の問いに答えなさい。

ただし，さいころのどの目が出ることも同様に確からしいものとする。

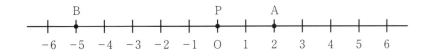

(1)　点Pが点Bに止まる場合のさいころの目の出方を表しなさい。

〔　　　，　　　〕

(2)　点Pが原点Oに止まる場合は何通りあるか，求めなさい。

通り

(3)　点Pが2以上の点に止まる確率を求めなさい。

6　A，B，Cの女子3人と，D，E，Fの男子3人の合計6人で，リレーのチームをつくった。女子は1，3，5番目を，男子は2，4，6番目を走ることになり，次の①〜③の手順で走る順番を決めることにした。

①　1から6までの数字を1つずつ書いた6枚のカード1，2，3，4，5，6をつくる。
②　女子3人は1，3，5から，男子3人は2，4，6から，カードをよくきった後に，それぞれ1枚ずつ異なるカードを選び，同時に取り出す。
③　取り出したカードに書かれた数字の順番に走る。

このとき，次の問いに答えなさい。

ただし，どのカードを取り出すことも同様に確からしいものとする。

(1)　Aが1番目に走ることになる場合は，全部で何通りあるか，求めなさい。

通り

(2)　AがDよりも先に走ることになる確率を求めなさい。

Point! 8 データの活用

ここがポイント 👉

データの活用

① **データの整理の仕方**…度数分布表，ヒストグラム，箱ひげ図などがある

② **階級値**…度数分布表やヒストグラムにおいて，階級の中央の値

③ **代表値**

① $(平均値) = \dfrac{(データの値の合計)}{(データの個数)}$

度数分布表やヒストグラムでは，$\dfrac{\{(階級値) \times (その階級の度数)\}の合計}{(度数の合計)}$ で

平均値を求めることがある（仮の平均を使うと計算がしやすくなる）

② **中央値**…データを大きさの順に並べたときの中央の値

データが**奇数**個 → ちょうど真ん中にくる値が中央値

データが**偶数**個 → 真ん中にくる2つの値の平均が中央値

③ **最頻値**…データの中で最も多く現れる値

度数分布表やヒストグラムでは，度数の最も大きい階級の階級値

④ **相対度数**…**度数分布表やヒストグラム**において，ある階級の相対度数は，$\dfrac{(その階級の度数)}{(度数の合計)}$

⑤ **累積度数**…**度数分布表やヒストグラム**において，最初の階級からある階級までの度数の合計

⑥ $(累積相対度数) = \dfrac{(累積度数)}{(度数の合計)}$

度数分布表

階級	度数
以上　未満 10 ～ 20	2
20 ～ 30	3
30 ～ 40	4
40 ～ 50	8
50 ～ 60	6
60 ～ 70	2
計	25

ヒストグラム

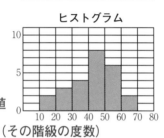

例題 右の度数分布表は，ある中学校の生徒40人のテストの点数を整理したものである。これについて，次の問いに答えなさい。

(1) 中央値が含まれる階級の相対度数を求めなさい。

(2) 点数が30点未満の階級の累積度数と累積相対度数を求めなさい。

(3) 生徒の点数の最頻値と平均値を求めなさい。

階級(点)	度数(人)
以上　未満 0 ～ 10	1
10 ～ 20	3
20 ～ 30	15
30 ～ 40	14
40 ～ 50	7
計	40

解法

(1) 40人の中央値は，$40 \div 2 = 20$ より，小さい方（または大きい方）から20番目と21番目の点数の平均である。30点未満が $1 + 3 + 15 = 19$（人），40点未満が $19 + 14 = 33$（人）だから，20番目と21番目はともに30点以上40点未満の階級に含まれる。この階級の相対度数を求めればよいので，$\dfrac{14}{40} = 0.35$

答 0.35

(2) 30点未満の階級の累積度数は，$1 + 3 + 15 = 19$（人） 累積相対度数は，$\dfrac{19}{40} = 0.475$

答 累積度数…19人，累積相対度数…0.475

(3) 度数が最も大きいのは20点以上30点未満の階級だか

ら，最頻値はこの階級の階級値の，$\dfrac{20+30}{2}=25$（点）

平均値は，$\dfrac{\{(\text{階級値})\times(\text{その階級の度数})\}\text{の合計}}{(\text{度数の合計})}$ を

計算してもよいが，ここでは20点以上30点未満の階級
の階級値の25点を仮の平均とする。表にまとめると右
のようになるから，「仮の平均との差」の平均は，

$(+230)\div40=+5.75$であり，平均値は，$25+5.75=30.75$（点）

階級（点）		階級値（点）	仮の平均との差（点）	度数（人）	（仮の平均との差）×（度数）
以上　未満					
0 ～ 10		5	−20	1	−20
10 ～ 20		15	−10	3	−30
20 ～ 30		25	±0	15	0
30 ～ 40		35	+10	14	+140
40 ～ 50		45	+20	7	+140
計				40	+230

答　最頻値…25点，平均値…30.75点

ここがポイント

箱ひげ図

① 四分位数

データを中央値で半分に分けたとき，

下位の部分の中央値を第1四分位数，

全体の中央値を第2四分位数，

上位の部分の中央値を第3四分位数，

第1，第2，第3四分位数をまとめて，四分位数という

第1四分位数と**第3四分位数**については，

　　データが**奇数**個　→　**中央値を除いて，下位の部分と上位の部分を考える**

　　データが**偶数**個　→　**全体を半分に分けて，下位の部分と上位の部分を考える**

② 範囲，四分位範囲

　（範囲）＝（最大値）−（最小値），（四分位範囲）＝（第3四分位数）−（第1四分位数）

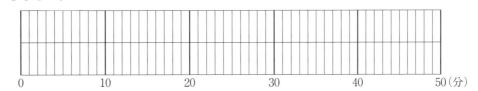

真ん中の長方形が「箱」
「箱」の両端からのびている線が「ひげ」

例題　右のデータはある中学校の生徒25人
の通学時間である。これをもとに，箱ひ
げ図をかきなさい。

3	8	9	10	10	11	13	13	13	15	16	18	19
22	24	25	25	27	29	30	32	33	36	40	45	（単位：分）

解法　最小値は3分，最大値は45分。

第2四分位数（中央値）は19分。

第1四分位数は下位の部分の小さい方
（または大きい方）から6番目と7番目の
平均の，$\dfrac{11+13}{2}=12$（分）

第3四分位数は上位の部分の小さい方
（または大きい方）から6番目と7番目の
平均の，$\dfrac{29+30}{2}=29.5$（分）

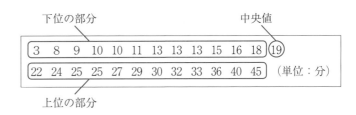

下位の部分　　　　　　　　　中央値

上位の部分

答

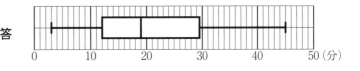

1 下の表は，中学生6人のハンドボール投げの記録である。この6人の記録の中央値を求めなさい。

記録（m）	28	31	23	38	24	18

m

2 右の表は，あるクラスで調べた1日の家庭での学習時間を度数分布表に表したものである。 ア にあてはまる数と最頻値を求めなさい。

階級（分）	階級値（分）	度数（人）
以上　　未満		
0 〜 30		3
30 〜 60		5
60 〜 90		11
90 〜 120		15
120 〜 150	ア	4
150 〜 180		2
計		40

ア	最頻値	分

3 右の表は，生徒20人の握力の記録を度数分布表に表したものである。このとき，次の問いに答えなさい。

階級（kg）	階級値（kg）	度数（人）
以上　　未満		
16 〜 20	18	2
20 〜 24	22	5
24 〜 28	26	9
28 〜 32	30	3
32 〜 36	34	1
計		20

(1) 24kg以上28kg未満の階級の相対度数を求めなさい。

(2) 記録が28kg未満の生徒の累積相対度数を求めなさい。

(3) 生徒20人の握力の平均値を，小数第1位まで求めなさい。

kg

4 右のデータは，英太さんのクラスで行われた100点満点の数学のテストの得点を低い順に並べたものである。英太さんのクラスには生徒が30人いて，全員のデータが含まれている。このとき，次の問いに答えなさい。

10	26	28	30	33	34	37	41	44	47
49	52	54	55	58	60	62	65	68	70
72	77	80	82	82	83	85	87	90	98

(単位：点)

(1) 四分位数をすべて求めなさい。

第1四分位数	点	第2四分位数	点	第3四分位数	点

(2) データの範囲と四分位範囲を求めなさい。

範囲	点	四分位範囲	点

(3) データを箱ひげ図にまとめなさい。

(4) テストの日に欠席していた教子さんが，後日このテストを受け，結果は78点だった。教子さんのデータを30人のデータに加えたときの第3四分位数を求めなさい。

点

5 右のデータは，AとBの2つの畑から収穫したじゃがいもの重さを1個ずつ調べ，箱ひげ図にまとめたものである。この図から読み取れることとして正しいものを，次のア～エから1つ選び，記号で答えなさい。

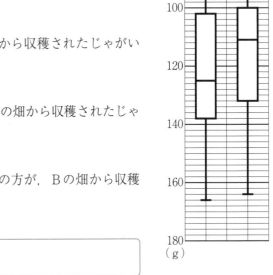

ア　Aの畑から収穫されたじゃがいもの重さの平均値の方が，Bの畑から収穫されたじゃがいもの重さの平均値よりも大きい。

イ　Aの畑から収穫されたじゃがいもの個数の方が，Bの畑から収穫されたじゃがいもの個数よりも多い。

ウ　Aの畑から収穫されたじゃがいもの重さの範囲の方が，Bの畑から収穫されたじゃがいもの重さの範囲よりも大きい。

エ　Aの畑から収穫されたじゃがいもの重さの第2四分位数の方が，Bの畑から収穫されたじゃがいもの重さの第2四分位数よりも小さい。

数
学

1　右の図は，女子生徒20人のハンドボール投げの記録をヒストグラムに表
したもので，平均値は12.2mであった。このヒストグラムから読み取れる
こととして正しいものを，次のア～エからすべて選び，記号を書きなさい。

ア　中央値は，平均値よりも小さい。

イ　最頻値は，平均値よりも大きい。

ウ　記録が12m未満の生徒は，全体の半数以上である。

エ　記録が16m以上の生徒は，全体の20％である。

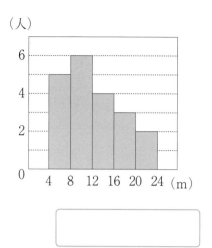

2　下の表1は生徒20人の数学のテスト（60点満点）の点数を示したもので，それを下の表2の度数分布表にまと
めたい。このとき，次の問いに答えなさい。

表1

36	25	26	23
53	39	11	32
45	13	35	47
57	41	59	51
19	39	12	7

（単位：点）

表2

階級(点)	階級値(点)	度数(人)	(階級値)×(度数)
以上　　未満			
0 ～ 10			
10 ～ 20			イ
20 ～ 30			75
30 ～ 40		ア	
40 ～ 50			
50 ～ 60	55		
計		20	

(1)　表2の　ア　，　イ　にあてはまる数を求めなさい。

ア	イ

(2)　表2の度数分布表から，20人のテストの点数の平均値を，小数第1位まで求めなさい。

点

3 クラスの図書委員である教子さんは，クラスの生徒34人が先月に図書室から借りた本の冊数のデータをまとめることになった。34個のデータをすべてまとめ四分位数を計算したが，計算した後で，34個のうち1個のデータをなくしてしまったことに気づいた。右の図は，残りの33個のデータを値が小さい順に並べ，四分位数と一緒にまとめたものである。このとき，次の問いに答えなさい。ただし，34個のデータはすべて整数である。

```
0  0  0  0  0  1  1
1  2  2  3  3  3  4
4  4  4  5  5  5  5
5  5  6  6  7  7  7
8  9  10 11 15   (単位：冊)
```
第1四分位数…2冊　第2四分位数…4.5冊
第3四分位数…6冊

(1) 34個のデータの四分位範囲を求めなさい。

冊

(2) 34個のデータにおいて，4冊以下の生徒の累積相対度数を求めなさい。

(3) 四分位数をもとに計算すれば，なくしたデータの値は2通り考えられる。その値を求めなさい。

冊または　　　冊

4 教子さんの通っている教英中学校で，3年生の生徒121人を対象に，通学時間を調査した。3年生の生徒の通学時間の平均値はおよそ17分であった。また，この調査結果を，下の図のようにヒストグラムに表した。教子さんの通学時間は19分である。このとき，次の問いに答えなさい。

(1) 中央値は何分以上何分未満の階級に含まれるか，求めなさい。

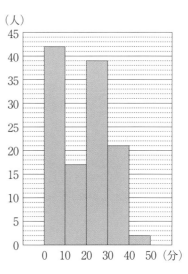

分以上　　　分未満

(2) 教子さんは次のように考えた。

┌─【教子さんの考え】─────────────
　通学時間の平均値がおよそ17分だから，3年生121人を通学時間の短い人から順に並べたとき，中央の人の通学時間より私の通学時間は長い。
└─────────────────────────

この教子さんの考えは正しくない。その理由を説明しなさい。

9 数の規則性と文字式

ここがポイント 👆

*n*番目の数の文字式での表し方

[1] 並んでいる数の前後の差が**一定** → 1番目の数を***a***，差を***d***とすると，*n*番目の数は，***a + (n − 1) d***

[2] 並んでいる数の前後の**差が一定ではない** → *n*番目の数がn^2を使って表せるか考える

例題 次の問いに答えなさい。

(1) 次の数の並びにおいて，*n*番目の数を，*n*を使った式で表しなさい。

① 2，5，8，11，14，17，…

② 1，4，9，16，25，36，…

(2) 右の図のように，自然数を1から順に横に5ずつ書き並べていく。このとき，次の問いに答えなさい。

① 上から5段目で左から3番目にある数を求めなさい。

② 上から*n*段目で左から2番目の数を，*n*を使った式で表しなさい。

1段目	1	2	3	4	5
2段目	6	7	8	9	10
3段目	11	12	13	14	15
⋮	⋮	⋮	⋮	⋮	⋮

解法

(1)① 2からはじまり，3ずつ増えていくので，*n*番目の数は，

$$2 + 3(n − 1) = 2 + 3n − 3 = 3n − 1$$

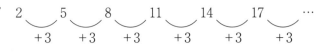

答 $3n − 1$

② 差が一定ではないから，n^2を使って表せるかを考える。1番目は$1 = 1^2$，2番目は$4 = 2^2$，3番目は$9 = 3^2$，4番目は$16 = 4^2$…のように数が並んでいる。よって，*n*番目の数は，n^2

$1^2 \quad 2^2 \quad 3^2 \quad 4^2 \quad 5^2 \quad 6^2 \quad …$

答 n^2

(2)① 左から3番目の数は，1段目が3であり，その後は5ずつ大きくなっている。よって，上から5段目で左から3番目の数は，$3 + 5(5 − 1) = 23$

答 23

② 左から2番目の数は，1段目が2であり，その後は5ずつ大きくなっている。よって，上から*n*段目で左から2番目の数は，$2 + 5(n − 1) = 5n − 3$

答 $5n − 3$

規則的に並んだ図形の問題の解き方

図形が1つ変化したことで，値(辺の長さや面積など)がどのように変化したかを調べる

例題　下の図1のような1辺3cmの正方形の紙がたくさんある。これらを図2のように，1辺1cmの正方形の部分がのりしろとなるようにつなぎ合わせていく。このとき，次の問いに答えなさい。

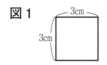　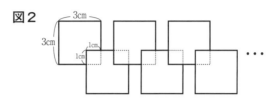

(1)　4枚の紙をつなぎ合わせたとき，できた図形の面積を求めなさい。

(2)　n枚の紙をつなぎ合わせたとき，できた図形の面積をnを用いて表しなさい。

(3)　4枚の紙をつなぎ合わせたとき，できた図形の周りの長さを求めなさい。

(4)　n枚の紙をつなぎ合わせたとき，できた図形の周りの長さをnを用いて表しなさい。

解法

(1)　できる図形の面積は，正方形の紙が1枚のときは$3^2 = 9$(cm²)，2枚の紙をつなぎ合わせたときは
$9 + 9 - 1^2 = 17$(cm²)，3枚の紙をつなぎ合わせたときは$17 + 9 - 1 = 25$(cm²)となり，これらの面積は
8cm²ずつ増えていることがわかる。よって，4枚の紙をつなぎ合わせたときは，$25 + 8 = 33$(cm²)

答　33cm²

(2)　正方形の紙が1枚では9cm²で，その後は8cm²ずつ増えるから，
n枚のとき，$9 + 8(n - 1) = 8n + 1$(cm²)

答　$8n + 1$cm²

(3)　できる図形の周りの長さは，正方形の紙が1枚のときは$3 \times 4 = 12$(cm)，2枚の紙をつなぎ合わせた
ときは$12 + 12 - 1 \times 4 = 20$(cm)，3枚の紙をつなぎ合わせたときは$20 + 12 - 1 \times 4 = 28$(cm)となり，こ
れらの長さは8cmずつ増えていることがわかる。よって，4枚の紙をつなぎ合わせたときは，
$28 + 8 = 36$(cm)

答　36cm

(4)　正方形の紙が1枚では12cmで，その後は8cmずつ増えるから，
n枚のとき，$12 + 8(n - 1) = 8n + 4$(cm)

答　$8n + 4$cm

数学

1 右の図のように，自然数を1から順に1段に7個ずつ並べていく。このとき，次の問いに答えなさい。

(1) 6段目で左から3番目の数を求めなさい。

1段目	1	2	3	4	5	6	7
2段目	8	9	10	11	12	13	14
3段目	15	16	17	18	19	20	21
4段目	22	23	24	25	26	27	28
5段目	29	30	·	·	·	·	·
⋮		·	·	·	·	·	·

(2) n 段目で左から3番目の数を求めなさい。

2 正方形のタイルに順に1，2，3，…と番号をつけたものを，右の図のように一定の規則にしたがって，1番目，2番目，3番目，…と並べていく。このとき，次の問いに答えなさい。

(1) 4番目で加えたタイルの枚数を求めなさい。

1番目　　　2番目　　　　3番目

※ ▢ は，新たに加えたタイルを示している。

枚

(2) n 番目で加えたタイルの枚数を求めなさい。

枚

(3) n 番目のタイルの総数を求めなさい。

枚

3 下の図1のような，縦，横がともに2cmで，高さが1cmの直方体Aと，1辺が2cmの立方体Bがある。この2種類の立体A，Bを，下の図2のように交互に重ねて直方体をつくる。n個の立体でつくられた直方体を，「n番目の直方体」とする。これらの直方体の体積について調べた。このとき，次の問いに答えなさい。

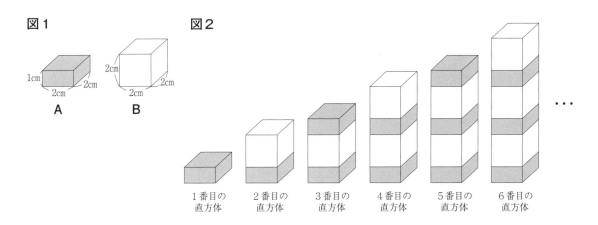

図1　図2

A　B

1番目の直方体　2番目の直方体　3番目の直方体　4番目の直方体　5番目の直方体　6番目の直方体

(1) 1番目から順に各直方体の体積を求め，その結果を下の表にまとめた。**ア**～**ウ**にあてはまる数を求めなさい。

直方体の番号	1番目	2番目	3番目	4番目	5番目	6番目	…
体積(cm³)	ア	イ	ウ	…	…	…	…

ア	イ	ウ

(2) 2番目の直方体をCとする。Cを2個重ねると4番目の直方体となり，Cを3個重ねると6番目の直方体になることから，Cを重ねていくと偶数番目の直方体をつくれることがわかる。偶数番目の直方体の体積の求め方について，次のように考えられる。　**エ**　～　**キ**　にあてはまる数や式を入れて，説明を完成させなさい。

> 　　例えば，Cを　**エ**　個重ねると20番目の直方体になるから，20番目の直方体の体積は　**オ**　cm³である。aを偶数とすると，a番目の直方体についても同じように考えることができる。a番目の直方体はCを　**カ**　個重ねてつくった直方体であるから，a番目の直方体の体積は　**キ**　cm³と表される。

エ	オ	カ	キ

1　自然数をある規則にしたがって並べた表を，下の図のように1番目，2番目，3番目，4番目，5番目，…の順に作っていく。n番目の表には，上段，下段にそれぞれ自然数がn個ずつ並べられている。このとき，次の問いに答えなさい。

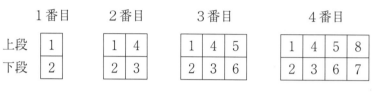

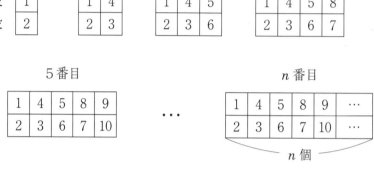

(1)　7番目の表で，上段の右端から2番目にある数を求めなさい。

(2)　10番目の表に並べられたすべての数の和から，9番目の表に並べられたすべての数の和をひいた値を求めなさい。

(3)　aを偶数とし，bを3以上の奇数とする。このとき，次の問いに答えなさい。
　①　a番目の表で，上段の右端から2番目にある数を，aを使った式で表しなさい。

　②　a番目の表とb番目の表で，それぞれの上段の右端から2番目にある数を比べると，a番目の表の数の方が5だけ大きかった。また，a番目の表に並べられたすべての数の和は，b番目の表に並べられたすべての数の和より369だけ大きかった。このとき，a，bの値を求めなさい。

$a =$	$b =$

2　1辺の長さが1cmの正方形のシールをたくさん用意した。下の図のように左端をそろえながら，1番目は上から1段目に1枚，2段目に3枚，2番目は上から1段目に1枚，2段目に3枚，3段目に5枚，3番目は上から1段目に1枚，2段目に3枚，3段目に5枚，4段目に7枚とすき間なくはり，同じ規則で，4番目，5番目，6番目，…と図形をつくっていく。下の図はそれぞれの図形において，周の辺を太い線（━）で，となり合うシールの共通の辺を細い線（─）で表したものであり，表1は太い線の長さの和について，表2は細い線の長さの和についてまとめたものである。このとき，次の問いに答えなさい。

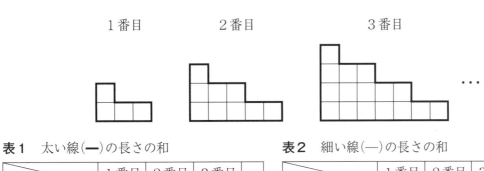

1番目　　2番目　　3番目

表1　太い線（━）の長さの和

	1番目	2番目	3番目	…
縦の太い線の長さの和(cm)	4	6	8	…
横の太い線の長さの和(cm)	6	10	ア	…

表2　細い線（─）の長さの和

	1番目	2番目	3番目	…
縦の細い線の長さの和(cm)	2	6	12	…
横の細い線の長さの和(cm)	1	4	9	…

(1)　表1において，アにあてはまる数を求めなさい。

(2)　n番目の図形において，縦の太い線の長さの和は何cmか，nを使った式で表しなさい。

cm

(3)　4番目の図形において，縦の細い線の長さの和は何cmか，求めなさい。

cm

(4)　横の細い線の長さの和が100cmである図形において，縦の細い線の長さの和は何cmか，求めなさい。

cm

物理分野①

光の性質

〈光の反射と屈折〉

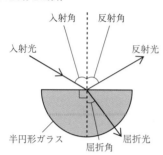

▶光源から出た光はまっすぐ進み（**光の直進**），物体にあたるとはね返る（**光の反射**）。入射角と反射角は等しい（**反射の法則**）。

▶光が空気からガラスに斜めに進むとき，境界面で折れ曲がって進む（**光の屈折**）。左図では，屈折角よりも入射角の方が大きいが，光がガラスから空気に進むときは入射角よりも屈折角の方が大きい（空気側にできる角の方が大きい）。

〈全反射〉

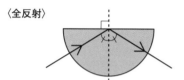

▶光がガラスから空気に進むとき，入射角が大きくなると光が屈折せずに境界面で全部反射して空気中に出ていかなくなる。この現象を**全反射**という。

凸レンズによる像のでき方

〈光源が焦点距離の2倍の位置にあるとき〉

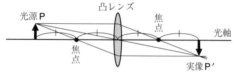

光源と同じ大きさの実像

〈光源が焦点距離の2倍より遠い位置にあるとき〉

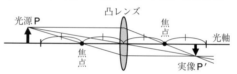

光源より小さな実像

〈光源が焦点距離の2倍より近い位置にあるとき〉

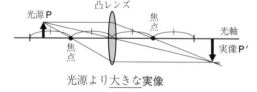

光源より大きな実像

〈光源が焦点より近い位置にあるとき〉

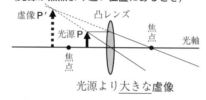

光源より大きな虚像

音の性質

〈音の波形〉

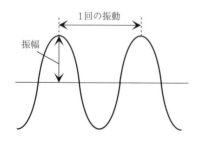

▶音が出ているとき，**音源は振動している**。空気や水などの物質が音源の振動を伝えることによって，音が波として伝わる。振動を伝える物質がない真空中では音が伝わらない。

▶**振幅**が大きいほど，音の大きさは大きい。弦を強くはじくと，振幅が大きくなる。

▶1秒間に振動する回数を**振動数**といい，**ヘルツ（Hz）**で表す。振動数が多いほど，音の高さは高い。弦を細くしたり，短くしたり，弦の張りを強くしたりすると，振動数が多くなる。

〈その他の重要語句〉**乱反射，光ファイバー，プリズム**

1 光の進み方について調べる実験を行った。あとの問いに答えなさい。

〈実験〉　**図1**のように光源装置から水面に向かって光をあてると，水面で反射する光と空気中に出る光が見られた。次に，光源装置を水そうの円周にそってPからQの範囲で動かすと，光は水面ですべて反射した。

図1
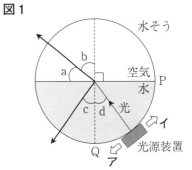

(1)　入射角と屈折角を，**図1**のa〜dから1つずつ選び，記号を書きなさい。

入射角	屈折角

(2)　下線部のような現象を何というか，書きなさい。また，この現象が起こるのは，光源装置を**図1**の**ア**と**イ**のどちらに動かしたときか，記号を書きなさい。

現象	記号

2 **図2**のように光源，凸レンズ，スクリーンを置くと，スクリーンにはっきりとした実像ができた。このときできた実像を，**図2**に作図しなさい。ただし，作図に使った線は残したままにすること。

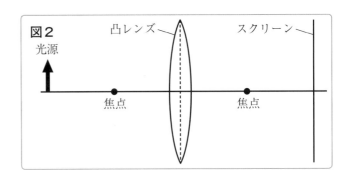

3 何種類かの音さを鳴らしてオシロスコープで波形を観察したところ，次の**ア**〜**エ**のようになった。あとの問いに答えなさい。

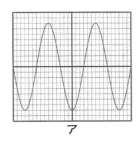　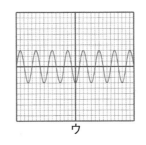　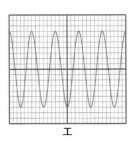

ア　　　　　　　イ　　　　　　　ウ　　　　　　　エ

(1)　最も低い音の波形を，**ア**〜**エ**から1つ選び，記号を書きなさい。

(2)　最も大きい音の波形を，**ア**〜**エ**から1つ選び，記号を書きなさい。

(3)　同じ音さによる音の波形を，**ア**〜**エ**から2つ選び，記号を書きなさい。

力と圧力

〈フックの法則〉

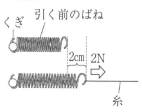

くぎ

引く前のばね

2cm　2N

糸

▶ばねののびは, ばねを引く力の大きさに比例する。この関係をフックの法則という。左図のばねののびを2cmの2倍の4cmにするには, ばねを引く力を2Nの2倍の4Nにすればよい。

〈作用・反作用と力のつり合い〉

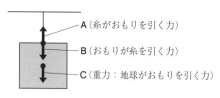

A(糸がおもりを引く力)
B(おもりが糸を引く力)
C(重力:地球がおもりを引く力)

▶左図で, AとB, AとCはそれぞれ, 大きさが等しく, 向きが反対で, 一直線上にある。AとBは2つの物体(糸とおもり)が互いにおよぼし合う力だから作用・反作用の関係であり, AとCは異なる2つの物体(糸と地球)からおもりにはたらく力だからつり合いの関係である。

〈斜面上の重力の分解〉

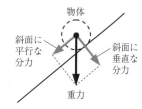

物体
斜面に平行な分力
斜面に垂直な分力
重力

▶物体を斜面上に置くと, 物体にはたらく重力が斜面に平行な分力と斜面に垂直な分力に分解される。物体が同じ斜面上を運動している間, これらの分力の大きさは一定である。

〈圧力〉

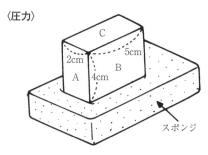

C
5cm
2cm
B
A　4cm
スポンジ

▶単位面積あたりにはたらく力の大きさを圧力という。圧力は力の大きさに比例し, 力を受ける面積に反比例する。左図では, 面Aを下にして物体を置いたとき圧力が最も大きくなり, 面Bを下にして物体を置いたとき圧力が最も小さくなる。

$$\left[圧力(Pa) = \frac{力の大きさ(N)}{力を受ける面積(\text{m}^2)} \right] で求める。$$

水圧と浮力

〈水面からの深さと水圧の大きさ〉

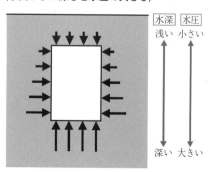

水深　水圧
浅い　小さい

深い　大きい

▶水の重さによってはたらく圧力を水圧という。水圧は水面からの深さが深いほど大きく, あらゆる向きにはたらいている。水中にある物体の上面にはたらく下向きの水圧よりも下面にはたらく上向きの水圧の方が大きいので, その差によって上向きの力が生じる。これを浮力という。物体が空気中にあるときと, 水中にあるときの, ばねばかりが示す値の差が浮力の大きさである。物体がすべて水中にあるとき, さらに深く沈めても, 浮力の大きさは変わらない。

〈その他の重要語句〉弾性力, 摩擦力, 垂直抗力, 重さと質量, 大気圧

1　図1の装置を使って，ばねに加えた力の大きさとばねののびについて調べたところ，図2のようになった。あとの問いに答えなさい。ただし，糸の重さは考えないものとする。

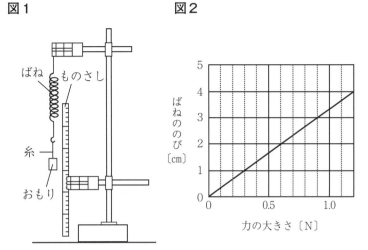

図1　　　　図2

(1) 図2のようにばねののびは力の大きさに比例している。この関係を何というか，書きなさい。

(2) ばねののびが5cmになったとき，ばねに加えた力の大きさは何Nか，求めなさい。
　　　　　　　　　　　　　　　　N

(3) 糸がおもりを引く力とつり合いの関係にある力を，次のア〜エから1つ選び，記号を書きなさい。
　ア　おもりが糸を引く力　　イ　ばねが糸を引く力
　ウ　糸がばねを引く力　　　エ　おもりにはたらく重力

(4) 糸がおもりを引く力と作用・反作用の関係にある力を，(3)のア〜エから1つ選び，記号を書きなさい。

2　図3のように体積と質量が異なる2種類の直方体のおもりPとQを使って，圧力について調べた。あとの問いに答えなさい。ただし，100gの物体にはたらく重力の大きさを1Nとし，スポンジのへこみの深さは圧力に比例する。

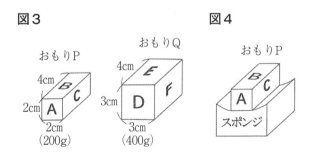

図3　　　　図4

(1) 図4のようにおもりPをスポンジの上に置いた。このとき，スポンジがおもりPから受ける圧力は何Paか，求めなさい。
　　　　　　　　　　　　　　　　Pa

(2) 図3のA〜Fを下にしてスポンジの上に置いたときのスポンジのへこみの深さの大小関係として適切なものを，次のア〜オから1つ選び，記号を書きなさい。
　ア　C<D<B　　イ　F<B<E　　ウ　D<E<A　　エ　F<D<A　　オ　A<B<D

(3) おもりPとQのうち，一方のおもりをもう一方のおもりの上にのせ，その状態でスポンジの上に置いた。下にするおもりやスポンジに接する面をかえてスポンジのへこみの深さを比べたとき，スポンジのへこみの深さが最も大きくなるのは，どの面がスポンジに接しているときか，A〜Fから1つ選び，記号を書きなさい。

ここがポイント

理科

運動と速さ

〈ストロボスコープで撮影〉

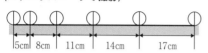

5cm 8cm 11cm 14cm 17cm

〈0.1秒ごとに切った記録テープ〉

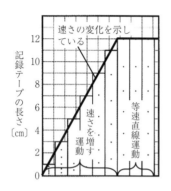

▶左図のようにストロボスコープや記録タイマーなどで，物体の位置を一定時間ごとに記録することにより，物体の速さを調べることができる。

▶物体の進行方向と同じ向きに力がはたらくと物体の速さは増加し，物体の進行方向と反対向きに力がはたらくと物体の速さは減少する。また，運動している物体に力がはたらかないとき(または，はたらく力がつり合っているとき)，等速直線運動をする。

▶物体は外から力を加えないかぎり，静止しているときはいつまでも静止し続けようとし，運動しているときはいつまでも等速直線運動を続けようとする。これを慣性の法則といい，物体がもつこのような性質を慣性という。

力学的エネルギー

〈振り子とエネルギーの移り変わり〉

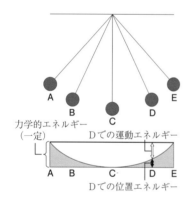

▶高い位置にある物体がもつエネルギーを位置エネルギーという。物体の位置が高く，質量が大きいほど，位置エネルギーの大きさは大きい。また，運動している物体がもつエネルギーを運動エネルギーという。物体の速さが速く，質量が大きいほど，運動エネルギーの大きさは大きい。

▶摩擦や空気の抵抗がないとき，位置エネルギーと運動エネルギーの和(力学的エネルギー)は常に一定である。これを力学的エネルギーの保存という。

仕事と仕事率

〈斜面を使った仕事〉

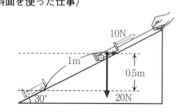

〈てこを使った仕事〉

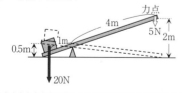

▶物体に力を加えて，その力の向きに物体を動かしたとき，力はその物体に対して仕事をしたという。
〔仕事(J)＝力の大きさ(N)×力の向きに動かした距離(m)〕で求める。左図のように，斜面やてこなどを使うと加える力の大きさは小さくなるが，動かす距離が大きくなるため，仕事の大きさは変わらない。これを仕事の原理という。

▶一定時間にする仕事を仕事率という。

$$仕事率(W) = \frac{仕事(J)}{仕事に要した時間(s)}$$ で求める。

〈その他の重要語句〉自由落下，動滑車，いろいろなエネルギー，伝導，対流，放射

1 図1のように記録テープをつけた台車を斜面上の
Pに置き，静かに手をはなした。そのときの台車の
運動のようすを1秒間に60回打点する記録タイマー
で記録したところ，図2のようになった。あとの問
いに答えなさい。ただし，**摩擦や空気の抵抗は考え
ないものとする。**

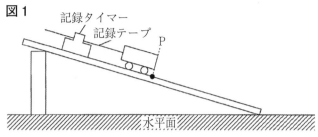

図1

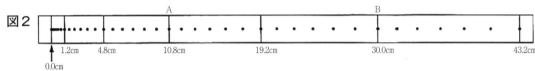

図2

(1) **図2**のAB間の平均の速さは何 cm/s か，求めなさい。

cm/s

(2) 台車が斜面を下るときの時間と台車の速さの関係を示したグラフを，次の**ア～オ**から1つ選び，記号を書
きなさい。

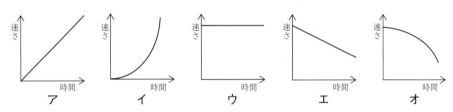

(3) 斜面を下ったあと，台車が水平面で行う運動を何というか，書きなさい。

2 図3の斜面を使って，Aから鉄球を静かにはなしたところ，鉄球はB，C，Dを通過した。あとの問いに答
えなさい。ただし，**摩擦や空気の抵抗は考えないものとする。**　　　　図3

(1) 鉄球がAからBまで移動するとき，減少するエネルギーは何か，書
きなさい。

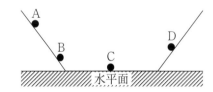

(2) 鉄球のもつ運動エネルギーが最も大きい点を，**図3**のA～Dから1つ選び，記号を書きなさい。

(3) 鉄球は**図3**のDを通過したあと，斜面上をどのような高さまで上がるか，書きなさい。

3 10 kgの米をかつぎながら 30 m歩いたとき，米にした仕事は何 J か，求めなさい。ただし，100 g の物体に
はたらく重力の大きさを 1 N とする。

J

ここがポイント

理科

回路と電流

〈電流と電圧の関係〉

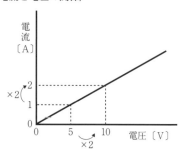

▶回路を流れる電流の向きは，電池の＋極から出て，－極へ入ると決められている。抵抗器を流れる<u>電流の大きさは，電圧の大きさに比例する</u>(左図)。この関係を**オームの法則**といい，電圧(V)，電流(I)，抵抗(R)の関係は，次のように表せる。

$$\left[V(V) = R(\Omega) \times I(A), \quad I(A) = \frac{V(V)}{R(\Omega)}, \quad R(\Omega) = \frac{V(V)}{I(A)} \right]$$

※計算問題では，電流の単位はAにする(1A = 1000mA)。

直列回路と並列回路

〈直列回路〉

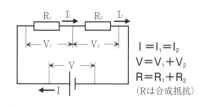

$I = I_1 = I_2$
$V = V_1 + V_2$
$R = R_1 + R_2$
(Rは合成抵抗)

▶**直列回路**では，<u>回路のどの部分でも電流は等しく</u>，各抵抗器にかかる電圧の和が電源の電圧と等しくなる。回路全体の抵抗(合成抵抗)は，各抵抗器の抵抗の和と等しい。

〈並列回路〉

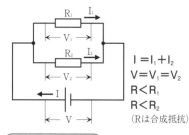

$I = I_1 + I_2$
$V = V_1 = V_2$
$R < R_1$
$R < R_2$
(Rは合成抵抗)

▶**並列回路**では，<u>各抵抗器にかかる電圧は電源の電圧と等しく</u>，各抵抗器を流れる電流の和が回路全体を流れる電流と等しい。<u>合成抵抗は，各抵抗器の抵抗よりも小さくなる。</u>

合成抵抗は $\left(\dfrac{1}{R} = \dfrac{1}{R_1} + \dfrac{1}{R_2} \right)$ で求める。

電力と熱量

〈電熱線による水の温度上昇〉

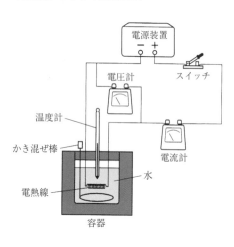

▶1秒あたりに使う電気エネルギーの大きさを電力という。<u>1Vの電圧で，1Aの電流を流したときの電力が1W(ワット)</u>である。〔**電力(W) = 電圧(V) × 電流(A)**〕で求める。ある電熱線にかける<u>電圧の大きさを2倍にすると，電流の大きさも2倍になるので，電圧と電流の積で求められる電力の大きさは4倍になる。</u>

▶左図の装置で電熱線に電圧をかけると水温が上昇する。これは電気のはたらきによって熱が発生したためである。<u>1Wの電熱線によって1秒間に発生する熱量が1J(ジュール)</u>である。〔**熱量(J) = 電力(W) × 時間(s)**〕で求める。水1gの温度を1℃上げるのに必要な熱量は約4.2Jである。

〈その他の重要語句〉**電流計，電圧計，導体，絶縁体，電力量**

1 電熱線AとBを流れる電流と電圧を調べたところ，図1のようになった。あとの問いに答えなさい。

(1) 図1のようにそれぞれの電熱線を流れる電流の大きさは電圧の大きさに比例している。この関係を何というか，書きなさい。

(2) 電熱線AとBの抵抗は何Ωか，求めなさい。

A		B	
	Ω		Ω

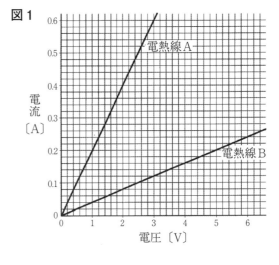

図1

2 5Ωの抵抗器R₁と値のわからない抵抗器R₂を使って，回路を流れる電流を調べた。あとの問いに答えなさい。

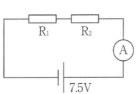
図2

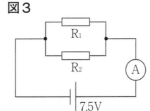
図3

(1) 図2の電流計の値は0.5Aであった。このとき，R₁にかかる電圧は何Vか，求めなさい。

[　　　　　　　　] V

(2) R₂の抵抗は何Ωか，求めなさい。

[　　　　　　　　] Ω

(3) 図3の電流計は何Aを示すか，求めなさい。

[　　　　　　　　] A

(4) 図3の回路全体の抵抗は何Ωか，小数第二位を四捨五入し，小数第一位まで求めなさい。

[　　　　　　　　] Ω

3 図4の装置を使って，電熱線による発熱について調べた。あとの問いに答えなさい。

(1) 図4の電源の電圧を6Vにしたとき，電流計は1.5Aを示した。電熱線の抵抗は何Ωか，求めなさい。

[　　　　　　　　] Ω

図4

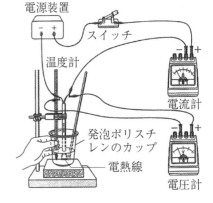

(2) (1)のとき，電熱線が消費する電力は何Wか，求めなさい。

[　　　　　　　　] W

(3) (1)の条件で，6分間電流を流したとき，電熱線で発生する熱量は何Jか，求めなさい。

[　　　　　　　　] J

電流と電子

〈静電気が起こるしくみ〉

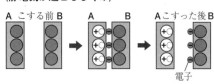

電子

▶左図のように2種類の絶縁体をこすり合わせると，－の電気を帯びた粒(**電子**)が物質間を移動し，**静電気**が発生する。これと同様に，回路に電圧をかけると，金属の中にある電子が，－極から＋極に向かって移動することで電流が流れる。

〈真空放電〉

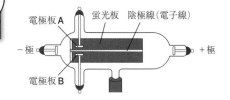

電極板A　蛍光板　陰極線(電子線)

－極　　　　　　　　　　＋極

電極板B

▶気圧を低くした空間に電流が流れる現象を**真空放電**という。左図の**陰極線**(電子線)は－極から飛び出した電子の流れであり，電極板Aを＋極，電極板Bを－極につないで電圧をかけると，陰極線は電極板A(＋極)に引きつけられるように上に曲がる。

電流がつくる磁界

〈導線のまわりの磁界〉

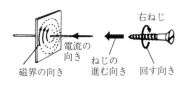

右ねじ

電流の向き

磁界の向き　ねじの進む向き　回す向き

▶まっすぐな導線に電流を流すと，そのまわりに同心円状の**磁界**が発生する。磁界の向きは，電流の向きによって決まる。また，磁界の強さは，電流が大きく，導線に近いほど強い。

〈コイルのまわりの磁界〉

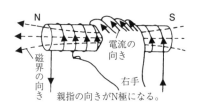

N　　　　　　　　　S

電流の向き

磁界の向き

右手

親指の向きがN極になる。

▶コイルに電流を流すと，そのまわりに棒磁石と同じような磁界が発生する。磁界の向きは，電流の向きによって決まる。磁界の強さは，電流が大きく，コイルの巻き数が多いほど強い。また，コイルに鉄心を入れることで電磁石となり，磁界が強くなる。

〈電流が磁界から受ける力〉

コイル

電流の向き

コイルの動く向き

▶磁界の中で電流を流すと，**電流が磁界から受ける力**が生じる。力の向きは，磁界の向きと電流の向きによって決まる。また，力の大きさは，電流が大きく，コイルの巻き数が多く，磁界が強いほど大きい。この力を利用したものに，**モーター**，**スピーカー**などがある。

電磁誘導

〈誘導電流の向き〉

②　　　　　④
①　　　　　③
N　　　　　S

①では，④と同じ向きの電流が流れ，
②③とは反対向きの電流が流れる。

▶コイルの中の磁界が変化すると，電圧が生じ，コイルに電流が流れる。この現象を**電磁誘導**といい，このとき流れる電流を**誘導電流**という。誘導電流の大きさは，磁石の磁力が強く，コイルの巻き数が多いほど大きい。また，磁石を速く動かすことで，装置を変えずに誘導電流を大きくすることができる。誘導電流を利用したものに，**発電機**，**ICカード**，**電磁調理器**，**マイク**などがある。

〈その他の重要語句〉**放射線**，**直流**，**交流**，**発光ダイオード**

1　電流がつくる磁界について調べた。電流を流したときに図1と図2のA〜Fに置いた方位磁針の針の向きを、図3のア〜エから1つずつ選び、記号を書きなさい。ただし、地球の磁界の影響は考えないものとする。

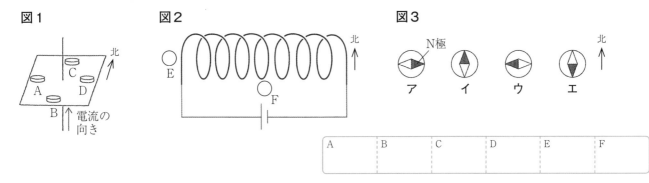

A	B	C	D	E	F

2　電流が磁界から受ける力について調べる実験を行った。あとの問いに答えなさい。

〈実験〉　図4で、電源装置のスイッチを入れて回路に電流を流すと、銅線はBの向きに動いた。

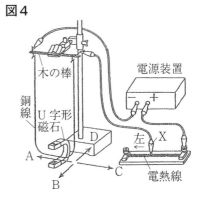

(1)　図4で、U字形磁石のN極とS極を反対向きにして回路に電流を流したときに銅線が動く向きを、A〜Dから1つ選び、記号を書きなさい。

(2)　図4で、電熱線につないだプラグXを左に動かし、〈実験〉のときと同じ大きさの電圧をかけたとき、銅線の動きは〈実験〉のときと比べてどのように変化するか、書きなさい。

3　コイルの中の磁界を変化させることで電流が流れる現象について調べた。あとの問いに答えなさい。

(1)　図5のようにすることで、コイルに電流が流れる現象を何というか、書きなさい。

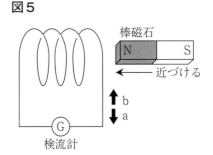

(2)　図5のようにN極をコイルに近づけたとき、電流はaの向きに流れた。棒磁石の極の向きだけを反対にして、S極をコイルに近づけたときに流れる電流の向きは、aとbのどちらか、記号を書きなさい。

(3)　コイルに流れる電流を大きくするための方法を、1つ書きなさい。

1　図1の装置を使って，像のでき方について調べた。あとの問いに答えなさい。

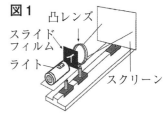
図1

(1)　スライドフィルムを凸レンズから見て焦点よりも遠い位置に置き，スクリーンの位置を左右に調節すると，図2の位置でスクリーン上にはっきりとした像ができた。このとき，スクリーン上にできた凸レンズ側から見た像を，次のア〜エから1つ選び，記号を書きなさい。

ア　イ　ウ　エ

図2

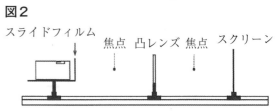

(2)　図3のように凸レンズの上半分を厚紙で隠したときの像のでき方を，次のア〜エから1つ選び，記号を書きなさい。

ア　像はできない。
イ　下半分だけの像ができる。
ウ　上半分だけの像ができる。
エ　全体的に暗い像ができる。

図3

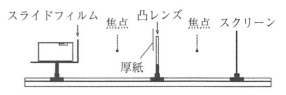

(3)　図4のようにスライドフィルムの位置を図2のときよりも凸レンズに近づけた。スクリーンにはっきりとした像ができるのは，スクリーンを左と右のどちらに動かしたときか，書きなさい。また，そのときできる像の大きさは，図2のときと比べてどのようになるか，書きなさい。

向き	像の大きさ

図4

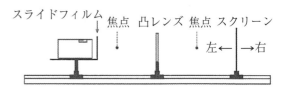

(4)　図5のようにスライドフィルムの位置を焦点よりも凸レンズに近づけた。このとき，スクリーン側から凸レンズをのぞくと見える像を，右のア〜シから1つ選び，記号を書きなさい。ただし，ア〜エはスライドフィルムの文字と同じ大きさの像，オ〜クはスライドフィルムの文字よりも大きな像，ケ〜シはスライドフィルムの文字よりも小さな像である。

図5

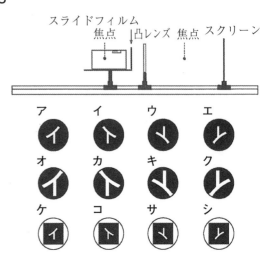

理科

2 水中ではたらく力について調べる実験を行った。あとの問いに答えなさい。ただし，100 g の物体にはたらく重力の大きさを 1 N とする。

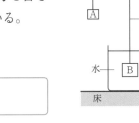

図1

〈実験〉 300 g の A と 500 g の B を糸でつなぎ，滑車につるして B を水の中に入れたところ，図1のように B がすべて水の中に入って静止した。

(1) 図1の B にはたらく水圧を正しく示した図を，次の**ア〜エ**から 1 つ選び，記号を書きなさい。ただし，矢印の向きは力の向きを，矢印の長さは力の大きさを示している。

ア　　　イ　　　ウ　　　エ

(2) 図1の B にはたらく浮力を，図2に矢印でかきなさい。ただし，図2の●は浮力の作用点を示しており，1 目盛りを 1 N とする。

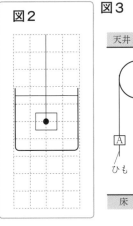

(3) 図1の A にひもをつけ，ひもを真下に引いて，図3のように B の一部が水の中に入った状態で静止させた。このとき，A にはたらく重力の大きさを a，糸が A を上向きに引き上げる力の大きさを b，手がひもを真下に引く力の大きさを c として，a〜c を大きい順に並べなさい。

＞　　　　＞

---

3 図1のような斜面に金属球を静止させ，斜面に置いた物体にはたらく力について調べた。あとの問いに答えなさい。

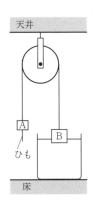

(1) 図2の F は金属球にはたらく重力を示している。F を斜面に平行な分力と，斜面に垂直な分力に分解し，それぞれ矢印でかきなさい。

(2) 図1で，斜面の角度を大きくしていくと，電子てんびんの示す値が変化していった。このときの電子てんびんの示す値の大きさの変化について説明した次の文の（ ① ），（ ② ）にあてはまる語句を書きなさい。

斜面の角度を大きくしていくと，斜面に平行な分力と斜面に垂直な分力のうち，斜面に（ ① ）な分力が大きくなっていくため，電子てんびんの示す値は（ ② ）なっていく。

①	②

4 小球のもつエネルギーについて調べる実験を行った。あとの問いに答えなさい。ただし、100 g の物体にはたらく重力の大きさを 1 N とし、小球とレールの間の摩擦や空気の抵抗は考えないものとする。

〈実験〉 図1のようにレールで斜面と水平面をつくり、レール上を20cm間隔に区切ってA～Fとした。Aに質量15 g の小球を静止させ、斜面を転がすと、やがて小球は木片に衝突した。B、Cからも同様の操作をし、木片が動いた距離をまとめると、表のようになった。

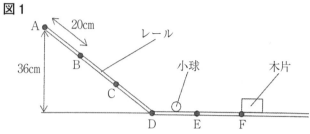

図1

(1) 表をもとに、小球をはなす高さと木片が動いた距離の関係を示すグラフを、図2にかきなさい。

表

小球をはなす点	A	B	C
木片が動いた距離〔cm〕	24 cm	16 cm	8 cm

(2) 〈実験〉で、DE間を移動している小球にはたらく力を正しく示したものを、次のア～エから1つ選び、記号を書きなさい。ただし、見やすくするために矢印を少しずらしているものがある。

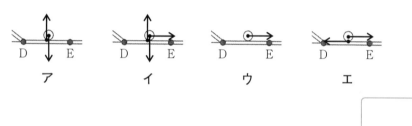

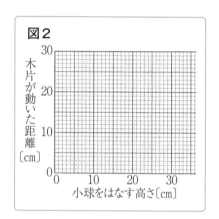

図2

(3) 〈実験〉で、Aから転がした小球がFで木片に衝突するまでの、小球がもつ位置エネルギー、運動エネルギー、力学的エネルギーの変化を表すグラフを、次のア～オから1つずつ選び、記号を書きなさい。

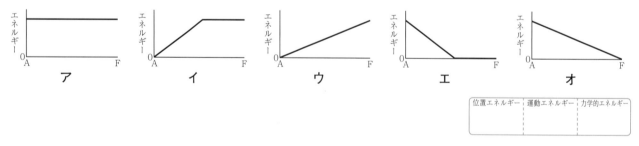

位置エネルギー	運動エネルギー	力学的エネルギー

(4) 図1の斜面の傾きをかえ、Aから小球をはなしたところ、木片は10cm動いた。Aの高さは何cmになったか、求めなさい。

cm

(5) 斜面の傾きを図1の状態に戻し、小球をDからBまでレールにそってゆっくり手で押した。このとき、手が小球にした仕事は何Jか、求めなさい。

J

5 　電流が磁界から受ける力について調べる実験を行った。あとの問いに答えなさい。

〈実験〉　図の電源装置の電圧を20Vにして回路に電流を流す
　　　　と，コイルはXの向きに動いた。このときのコイルの
　　　　動きを調べた。次に，電源装置の電圧は20Vのままに
　　　　して，抵抗器Aを20Ωの抵抗器Bにかえてコイルの動
　　　　きを調べた。さらに，抵抗器AとBを，直列つなぎに
　　　　したときと並列つなぎにしたときについても同様にコ
　　　　イルの動きを調べた。

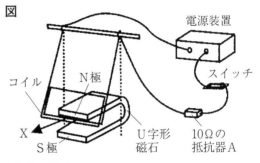

図

(1) 〈実験〉で，コイルの動きが大きい順になるように，次の**ア**～**エ**を並べなさい。

　　ア　抵抗器Aだけをつないだとき
　　イ　抵抗器Bだけをつないだとき
　　ウ　抵抗器AとBを直列つなぎにしたとき
　　エ　抵抗器AとBを並列つなぎにしたとき

→　　　　→　　　　→

(2) 抵抗器AとBを直列につないだ状態で抵抗器Aに10Vの電圧がかかるように電源装置の電圧を調節した。
　　この状態で10分間電流を流したときの抵抗器AとBの電力量の合計はいくらか，
　　単位をつけて書きなさい。

6 　台車が斜面を下る運動について調べる実験を行った。
　あとの問いに答えなさい。ただし，**摩擦や空気の抵抗
　は考えない**ものとする。

〈実験〉　図で，スイッチを入れずに磁石をのせた台車
　　　　を静かにはなし，コイルを通過したあとの速さ
　　　　を測定した。同様の操作を，スイッチを入れて
　　　　行った。

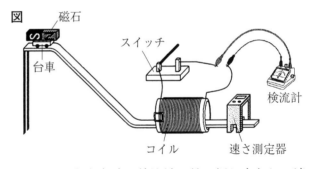

図

(1) 〈実験〉で，スイッチを入れなかったとき（A）とスイッチを入れたとき（B）の検流計の針の振れ方として適
　　切なものを，次の**ア**～**エ**から1つずつ選び，記号を書きなさい。

　　ア　振れない。　　　　　　　　　**イ**　1回振れる。
　　ウ　同じ向きに2回振れる。　　　**エ**　異なる向きに2回振れる。

A	B

(2) 〈実験〉で，測定した速さが遅かったのは，スイッチを入れなかったとき（A）とスイッチを入れたとき（B）
　　のどちらか，記号を書きなさい。

(3) (2)で選んだときの台車の速さが遅くなった理由を，エネルギーの移り変わりに着目して書きなさい。

(4) コイルの巻き数を多くし，スイッチを入れた状態で同様の実験を行ったときに測定される速さは，〈実験〉で
　　スイッチを入れたときと比べてどのように変化するか，書きなさい。

理
科

6 化学分野①

ここがポイント

理科

実験器具の使い方

〈顕微鏡〉

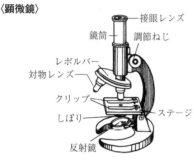

接眼レンズ
鏡筒　　調節ねじ
レボルバー
対物レンズ
クリップ
しぼり　　　ステージ
反射鏡

▶ 1. 水平で直射日光のあたらない明るいところに置く。
　2. 反射鏡の角度としぼりを調整して，視野全体が一様に最も明るくなるようにする。
　3. プレパラートをステージにのせ，横から見ながら調節ねじを回し，プレパラートと対物レンズをできるだけ近づける。
　4. 接眼レンズをのぞきながら，調節ねじを回してプレパラートと対物レンズを離していき，ピントが合ったら止める。

〈ガスバーナー〉

空気調節ねじ　　コック
ガス調節ねじ

▶ 1. ガス調節ねじ，空気調節ねじが閉じていることを確かめてから元栓，コックを開く(コックがないものもある)。
　2. マッチに火をつけ，ガス調節ねじを少しずつ開きながら点火する。
　3. ガス調節ねじをおさえ，空気調節ねじを開いて，炎の色を青色にする。

〈上皿てんびん（右ききの人）〉

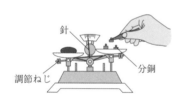

針
調節ねじ　　分銅

▶ 1. 水平なところに置き，針が左右に等しく振れるように調節ねじを回す。
　2. はかりたいものを左の皿にのせ，右の皿には質量が少し大きいと思われる分銅をのせ，つり合うように分銅をかえていく。
　　※必要な質量をはかりとる場合は，分銅を左の皿にのせる。薬包紙を使うときは，両方の皿に薬包紙をのせる。

〈メスシリンダー〉

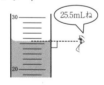

25.5mLね

▶液体の体積をはかる。水平なところに置き，液面の中央を真横から，最小目盛りの10分の1まで読みとる。

物質のすがた

▶有機物…炭素を含んでいる物質で，加熱すると炭が残ったり，燃えて二酸化炭素を出したりする。
　　　　砂糖，デンプン，紙，木，ろう，エタノール，プラスチック，プロパンなど。
▶無機物…有機物以外の物質。食塩，ガラス，水，酸素，鉄，アルミニウムなど。
▶金　属…みがくと光を受けて輝く(金属光沢)。たたくと広がり(展性)，引っぱるとのびる(延性)。
　　　　また，電流が流れやすく，熱が伝わりやすい。以上のような共通した性質がある。磁石につくことは，鉄などの一部の金属の性質であり，金属共通の性質ではない。
▶非金属…金属以外の物質。ガラス，ゴム，プラスチック，木，食塩など。
▶密　度…物質1cm³あたりの質量のこと。$\left(\text{密度(g/cm}^3\text{)} = \dfrac{\text{質量(g)}}{\text{体積(cm}^3\text{)}}\right)$で求める。

〈その他の重要語句〉ルーペ，双眼実体顕微鏡，PE，PS，PET

1 図1の顕微鏡のA〜Eを
何というか，書きなさい。

図1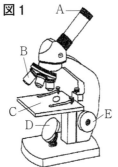

A	B
C	D
E	

2 図2のガスバーナーに火をつけるときの正しい手順になるように，次のア〜ウを並べなさい。

ア　マッチに火をつけ，Bを少しずつ開きながら点火する。

イ　AとBが閉まっていることを確かめてから元栓を開く。

ウ　Bをおさえ，Aを開いて，炎の色を青色にする。

図2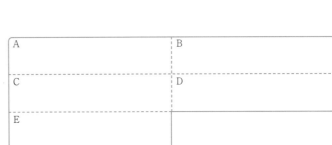

　　　→　　　→

3 図3の上皿てんびんの使い方について，あとの問いに答えなさい。

図3

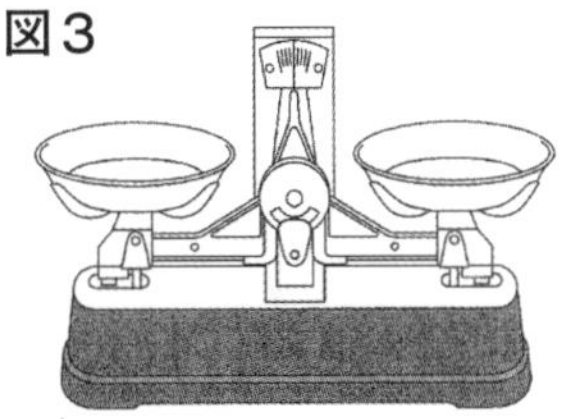

(1) 分銅をのせるときに使う道具は何か，書きなさい。

(2) 右ききの人がものの質量をはかるときに分銅をのせる皿は，右と左のどちらか，書きなさい。

4 図4のメスシリンダーを使って50mLをはかりとるとき，目の高さとして適切なものをア〜ウから，液面の位置として適切なものをエ〜カから1つずつ選び，記号を書きなさい。

図4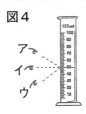

目の高さ	液面の位置

5 表は金，銀，銅の密度をまとめたものである。あとの問いに答えなさい。

表

	金	銀	銅
	19.3g/ cm³	10.5g/ cm³	9.0g/ cm³

(1) 金，銀，銅などの金属に共通する性質を，1つ書きなさい。

(2) ある金属の体積は4.0cm³，質量は42.0gであった。この金属は何か，表から1つ選び，書きなさい。

気体

	発生方法	性質や確認方法など
酸素	うすい過酸化水素水＋二酸化マンガン	ものが燃えるのを助けるはたらきがある。火のついた線香が激しく燃える。
二酸化炭素	うすい塩酸＋石灰石	水に少し溶けて酸性を示す。空気よりも密度が大きい。石灰水に通すと白くにごる。
水素	うすい塩酸＋亜鉛	物質の中で最も密度が小さい。マッチの火を近づけると爆発して燃える。
アンモニア	塩化アンモニウム＋水酸化ナトリウム＋水	水によく溶けてアルカリ性を示す。空気よりも密度が小さい。特有の刺激臭がある。

〈気体の集め方〉

 水上置換法　 下方置換法　 上方置換法

▶ **水上置換法**…水に溶けにくい気体を集める。
▶ **下方置換法**…水に溶けやすく，空気よりも**密度が大きい**気体を集める。
▶ **上方置換法**…水に溶けやすく，空気よりも**密度が小さい**気体を集める。

水溶液

〈溶解度曲線〉

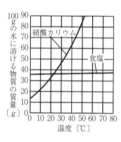

▶ 液体に溶けている物質を**溶質**，溶かしている液体を**溶媒**，溶質と溶媒を合わせて**溶液**といい，溶媒が水の溶液を**水溶液**という。溶液に溶けている溶質の質量の割合を**質量パーセント濃度**という。

$$\left[質量パーセント濃度(\%)=\frac{溶質の質量(g)}{溶媒の質量(g)+溶質の質量(g)}\times 100 \right] で求める。$$

▶ 水溶液は**透明**である。また，水溶液中には**溶質が均一に散らばっている**。

▶ **溶　解　度**…100 gの水に溶ける物質の最大の質量。水の温度によって変化する。
▶ **飽和水溶液**…物質が溶解度まで溶けている水溶液。
▶ **再　結　晶**…水溶液の温度を下げたり，水溶液を加熱して水を蒸発させたりすることで，一度溶かした物質を再び結晶としてとり出す操作。

状態変化

〈水の温度変化〉

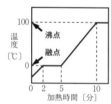

▶ 物質が温度によって，固体⇔液体⇔気体と変化することを**状態変化**という。状態変化によって，**体積は**変化するが，**質量は**変化しない。

▶ 固体が液体に変化するときの温度を**融点**，液体が沸騰して気体に変化するときの温度を**沸点**という。融点と沸点は，物質ごとに決まっている。純粋な物質を加熱すると，状態変化をしているときは，加熱を続けても温度が変化しない。

〈混合物の温度変化〉

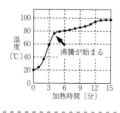

▶ 液体を加熱して気体にし，それを冷やして再び液体にして集める操作を**蒸留**という。**沸点の違いを利用して混合物を分離する**ことができる。

〈その他の重要語句〉窒素，塩素，塩化水素，蒸発と沸騰

1　A〜Dは酸素，水素，アンモニア，二酸化炭素のいずれかである。これらの4種類の気体について調べ，表1にまとめた。あとの問いに答えなさい。

表1

	におい	密度	水への溶けやすさ
A	ない	空気よりも大きい	少し溶ける
B	刺激臭	空気よりも小さい	よく溶ける
C	ない	空気よりも小さい	溶けにくい
D	ない	空気よりも大きい	溶けにくい

(1) 水に溶けると酸性を示すものを，表1のA〜Dから1つ選び，記号を書きなさい。

(2) Bを集めるのに適切な方法を何というか，書きなさい。

(3) Dを発生させる方法を，1つ書きなさい。

2　表2は温度と100gの水に溶ける硝酸カリウムの最大の質量の関係を示したものである。あとの問いに答えなさい。

表2

温度〔℃〕	0	10	20	30	40	50
硝酸カリウム〔g〕	15.0	22.0	32.0	46.0	64.0	85.0

(1) 100gの水に溶ける物質の最大の質量を何というか，書きなさい。

(2) 50℃の水100gに硝酸カリウムを溶けるだけ溶かしてから20℃に冷やしたときに出てくる結晶は何gか，求めなさい。 g

(3) (2)のようにして結晶をとり出すことを何というか，書きなさい。

(4) 30℃の水100gに硝酸カリウムを溶けるだけ溶かした水溶液の質量パーセント濃度は何%か，小数第二位を四捨五入して，小数第一位まで求めなさい。 %

3　図1の装置を使って，純粋な物質と混合物をそれぞれ弱火で加熱して温度変化のようすを調べたところ，図2のようになった。あとの問いに答えなさい。

(1) 固体が液体に変化するときの温度を何というか，書きなさい。

図1　　図2

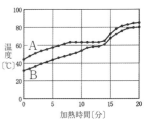

(2) 純粋な物質を加熱したときの結果は，図2のAとBのどちらか，記号を書きなさい。また，そのように判断できる理由を書きなさい。

記号	理由

原子，分子，化学式

〈原子と分子〉

(例)水分子のつくり
水分子(H_2O)

酸素原子(O)

水素原子(H)

▶物質をつくる最小の粒子を**原子**という。原子の種類を**元素**といい，元素をアルファベット1字(大文字)，または2字(大文字＋小文字)で表したものを**元素記号**という。

▶いくつかの原子が結びついてできた，物質の性質を表す粒子を**分子**という。金属や塩化ナトリウムなどのように<u>分子をつくらない</u>物質もある。

〈化学反応式のつくり方〉

(例)水の電気分解(水→水素＋酸素)
①反応に関係する物質を化学式で表す。

$$H_2O \rightarrow H_2 + O_2$$

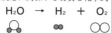

②それぞれの化学式の前に数字をつけて，
　反応の前後で原子の種類と数を等しくする。

$$2H_2O \rightarrow 2H_2 + O_2$$

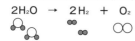

▶元素記号を用いて物質を表したものを**化学式**，化学式を用いて化学変化を表したものを**化学反応式**という。化学反応式では，<u>反応の前後で原子の種類と数が等しくなる</u>ようにする。

▶**単　体**…<u>1種類</u>の元素からできている物質。水素や酸素など。
▶**化合物**…<u>2種類以上</u>の元素からできている物質。水や酸化鉄など。

いろいろな化学変化

▶1種類の物質が2種類以上の物質に分かれる化学変化(**分解**)

・酸化銀の熱分解：$2Ag_2O \rightarrow 4Ag + O_2$

　→反応前の酸化銀は黒色で，<u>金属の性質はない</u>。

・炭酸水素ナトリウムの熱分解：$2NaHCO_3 \rightarrow Na_2CO_3 + CO_2 + H_2O$

　→炭酸水素ナトリウムと反応後にできる炭酸ナトリウムはどちらも白色だが，<u>炭酸ナトリウムの方が水によく溶け，水溶液が強いアルカリ性である</u>ことから区別できる。

・水の電気分解：$2H_2O \rightarrow 2H_2 + O_2$

　→発生する<u>水素と酸素の体積比は2：1</u>である。

▶物質どうしが結びつく化学変化

・鉄と硫黄が結びつく化学変化：$Fe + S \rightarrow FeS$

　→反応前の混合物には鉄が含まれているから<u>磁石に反応し，塩酸を加えると水素が発生する</u>。反応後の化合物は硫化鉄だから<u>磁石に反応せず，塩酸を加えると有毒な気体である硫化水素が発生する</u>。

・銅の酸化：$2Cu + O_2 \rightarrow 2CuO$

　→物質が酸素と結びつくことを**酸化**，酸素が結びついてできた物質を**酸化物**という。

・マグネシウムの燃焼：$2Mg + O_2 \rightarrow 2MgO$

　→物質が熱や光を出しながら激しく酸素と結びつくことを**燃焼**という。

▶酸化物が酸素を失う化学変化(**還元**)

・酸化銅と炭素の化学変化：$2CuO + C \rightarrow 2Cu + CO_2$

　→炭素は，<u>銅よりも酸化されやすい</u>ため，酸化銅から酸素を奪って二酸化炭素になる。銅よりも酸化されやすい物質(水素やエタノールなど)であれば，酸化銅を還元することができる。

〈その他の重要語句〉**周期表，さび，吸熱反応，発熱反応**

1 図1のように酸化銀を加熱した。あとの問いに答えなさい。

(1) 酸化銀のように2種類以上の元素からできている物質を何というか，書きなさい。

(2) この反応のように1種類の物質が2種類以上の物質に分かれる化学変化を何というか，書きなさい。

(3) このとき起こった化学変化を，化学反応式で表しなさい。

図1

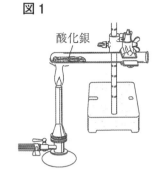
酸化銀

理科

2 図2のように鉄と硫黄の混合物を加熱した。あとの問いに答えなさい。

(1) 鉄と硫黄はともに単体である。単体とはどのような物質のことか，「元素」という語句を使って書きなさい。

(2) 鉄と硫黄が結びついてできる物質を，物質名で書きなさい。

(3) 加熱後の物質にうすい塩酸を加えたときの反応として適切なものを，次のア〜エから1つ選び，記号を書きなさい。ただし，鉄と硫黄は過不足なく反応したものとする。

　ア　無臭の気体が発生した。　　イ　においのある気体が発生した。
　ウ　白色の固体が生じた。　　　エ　反応しなかった。

図2

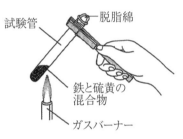
試験管　　　脱脂綿

鉄と硫黄の
混合物

ガスバーナー

3 図3のように酸化銅と炭素の混合物を加熱した。あとの問いに答えなさい。　図3

(1) この反応で発生する気体を，物質名で書きなさい。

(2) この反応のように酸化物が酸素を失う化学変化を何というか，書きなさい。

(3) 加熱後の試験管内に残った物質は何色か，書きなさい。ただし，酸化銅と炭素は過不足なく反応したものとする。

　　　　　色

(4) このとき起こった化学変化を，化学反応式で表しなさい。

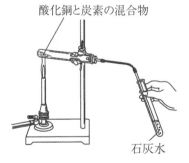
酸化銅と炭素の混合物

石灰水

化学変化のきまり

〈銅と酸化銅の質量〉

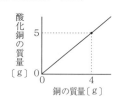

酸化銅の質量〔g〕／銅の質量〔g〕

▶反応の前後で，その反応に関係する物質全体の質量は変化しない。これを**質量保存の法則**という。この法則が成り立つのは，反応の前後で原子の組み合わせは変化するが，原子の種類と数は変化しないためである。また，反応に関係する物質の質量比はいつも一定になる。左図より，4 g の銅を加熱すると 5 g の酸化銅になることから，質量比は，銅：酸素：酸化銅＝ 4：1：5 であることがわかる。

原子とイオンの成り立ち

〈原子の成り立ち〉

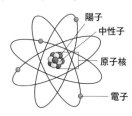

陽子
中性子
原子核
電子

▶原子は，＋の電気をもつ**原子核**と－の電気をもつ**電子**からできている。原子核は，＋の電気をもつ**陽子**と，電気をもたない**中性子**でできている。ふつうの状態では，陽子の数と電子の数が等しいため，電気的に中性になっている。

〈陽イオンと陰イオン〉

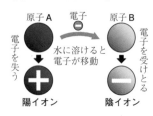

原子A　電子　原子B
電子を失う／水に溶けると電子が移動／電子を受けとる
＋ 陽イオン　－ 陰イオン

▶原子が電子を失ったり受けとったりして電気を帯びた**イオン**のうち，電子を失って＋の電気を帯びたものを**陽イオン**，電子を受けとって－の電気を帯びたものを**陰イオン**という。陽イオンには，水素イオン(H^+)，銅イオン(Cu^{2+})など，陰イオンには，水酸化物イオン(OH^-)，硫酸イオン(SO_4^{2-})などがある。

▶**電 解 質**…水溶液に電流が流れる物質。塩化水素や塩化ナトリウムなど。
▶**非電解質**…水溶液に電流が流れない物質。砂糖やエタノールなど。
▶**電　　離**…電解質が水に溶けて陽イオンと陰イオンに分かれること。

▶電離を表す式
　・塩化水素が水素イオンと塩化物イオンに分かれる：$HCl \rightarrow H^+ + Cl^-$
　・水酸化ナトリウムがナトリウムイオンと水酸化物イオンに分かれる：$NaOH \rightarrow Na^+ + OH^-$
　・塩化銅が銅イオンと塩化物イオンに分かれる：$CuCl_2 \rightarrow Cu^{2+} + 2Cl^-$

電池

〈ダニエル電池〉

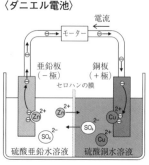

電流／モーター／亜鉛板（－極）／銅板（＋極）／セロハンの膜／硫酸亜鉛水溶液／硫酸銅水溶液

▶化学変化を利用して，物質がもつ化学エネルギーを電気エネルギーに変換する装置を**化学電池**という。左図のように硫酸銅水溶液と硫酸亜鉛水溶液，銅板と亜鉛板などを使って電気エネルギーをとり出す装置を**ダニエル電池**という。セロハンの膜には小さい穴があいていて，イオンなどの小さい粒子が少しずつ通過することで，2種類の水溶液が簡単には混ざらないようになっている。

▶水の電気分解と逆の反応〔$2H_2 + O_2 \rightarrow 2H_2O$〕から電気エネルギーを直接とり出す装置を**燃料電池**という。反応後にできるのは水だけで，環境に対する悪影響が少ないと考えられている。

亜鉛板：亜鉛が電子を2個失い，亜鉛イオンとなって溶け出す。
銅　板：銅イオンが電子を2個受けとり，銅原子となって付着する。

〈その他の重要語句〉**同位体，イオンへのなりやすさ，一次電池と二次電池**

1 さまざまな質量のマグネシウムと銅の粉末をそれぞれ完全に酸化させ，できた酸化物の質量を調べたところ，図1のようになった。あとの問いに答えなさい。

図1

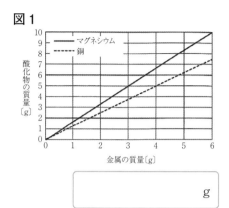

(1) 酸化マグネシウム中のマグネシウムと酸素の質量比を，最も簡単な整数比で書きなさい。

マグネシウム：酸素＝

(2) 酸化銅 10 g に含まれる酸素は何 g か，求めなさい。

g

(3) 化学変化の前後で，反応に関係する物質全体の質量は変化しない。この法則を何というか，書きなさい。

理科

2 原子とイオンについて，あとの問いに答えなさい。

(1) 図2はヘリウム原子の構造を示したものである。□にあてはまる語句を書きなさい。

図2

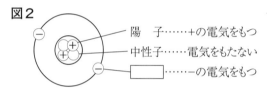

陽　子……＋の電気をもつ
中性子……電気をもたない
□……－の電気をもつ

(2) 電解質を，次の**ア**～**エ**からすべて選び，記号を書きなさい。
ア 塩化銅　**イ** エタノール　**ウ** 砂糖　**エ** 塩化ナトリウム

(3) 物質が水に溶けてイオンに分かれることを何というか，書きなさい。

(4) 塩化ナトリウムが水に溶けてイオンに分かれるときにできる陽イオンと陰イオンを，化学式で書きなさい。

陽イオン	陰イオン

3 図3の装置について，あとの問いに答えなさい。

(1) 図3で，AとBを豆電球につなぐと電流が流れた。このとき流れた電流の向きは，aとbのどちらか，記号を書きなさい。

図3

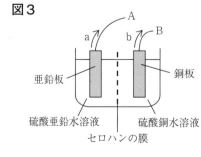

(2) (1)のとき，亜鉛板と銅板で起こった化学変化を，化学反応式で表しなさい。ただし，電子は e⁻ で表すものとする。

亜鉛板	銅板

ここがポイント

理科

電気分解とイオン

〈塩酸の電気分解〉

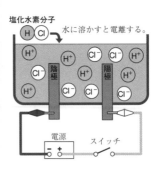

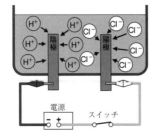

陰極では，水素イオンが電子を１個受けとって水素原子になり，それが２個結びついて水素分子になる。

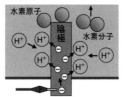

▶電解質の水溶液に電流を流すと電気分解が起こる。これは，電気の力によって<u>陽イオンは陰極に，陰イオンは陽極に</u>それぞれ移動し，そこで電子のやりとりが行われるためである。

陽極では，塩化物イオンが電子を１個失って塩素原子になり，それが２個結びついて塩素分子になる。

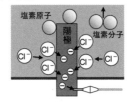

水溶液とイオン

〈指示薬〉

	酸性	中性	アルカリ性
青色リトマス紙	赤色	変化なし	変化なし
赤色リトマス紙	変化なし	変化なし	青色
ＢＴＢ溶液	黄色	緑色	青色
フェノールフタレイン溶液	無色	無色	赤色

〈塩酸と水酸化ナトリウム水溶液の中和〉

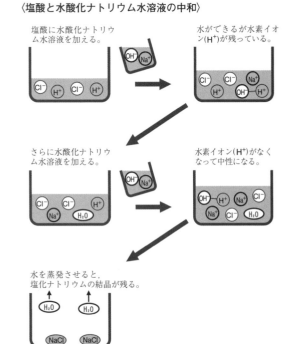

塩酸に水酸化ナトリウム水溶液を加える。

水ができるが水素イオン(H^+)が残っている。

さらに水酸化ナトリウム水溶液を加える。

水素イオン(H^+)がなくなって中性になる。

水を蒸発させると，塩化ナトリウムの結晶が残る。

▶水に溶かすと**水素イオン**を生じる物質を酸という。水溶液中に<u>水素イオンがあると酸性</u>を示す。
　・塩化水素の電離：$HCl \rightarrow H^+ + Cl^-$
　・硫酸の電離：$H_2SO_4 \rightarrow 2H^+ + SO_4{}^{2-}$

▶水に溶かすと**水酸化物イオン**を生じる物質をアルカリという。水溶液中に<u>水酸化物イオンがあるとアルカリ性</u>を示す。
　・水酸化ナトリウムの電離：$NaOH \rightarrow Na^+ + OH^-$
　・水酸化バリウムの電離：$Ba(OH)_2 \rightarrow Ba^{2+} + 2OH^-$

▶酸性の水溶液とアルカリ性の水溶液を混ぜ合わせると，<u>互いの性質を打ち消し合う</u>**中和**が起こる。<u>水素イオンと水酸化物イオンが結びついて</u>水ができ，<u>酸の陰イオンとアルカリの陽イオンが結びついて</u>塩（えん）ができる。
　・$HCl + NaOH \rightarrow NaCl + H_2O$
　　→水溶液中で塩化ナトリウムが電離しているので，<u>中性になったときでも電流が流れる</u>。
　・$H_2SO_4 + Ba(OH)_2 \rightarrow BaSO_4 + 2H_2O$
　　→硫酸バリウムは水に溶けにくいため白い沈殿となり，<u>中性になったときには電流が流れない</u>。

〈その他の重要語句〉**塩化銅水溶液の電気分解，ｐＨ，炭酸水と水酸化カルシウム水溶液の中和**

1 図1の装置を使って，うすい塩酸に電流を流した。あとの問いに答えなさい。

(1) 電極aに移動するイオンを，化学式で書きなさい。

(2) 電極bで発生する気体を，化学式で書きなさい。

図1

2 うすい塩酸とうすい水酸化ナトリウム水溶液を混ぜ合わせる実験を行った。あとの問いに答えなさい。

〈実験〉　ビーカーA～Fにうすい塩酸50.0㎤を入れ，ＢＴＢ溶液を数滴加えた。次に，表に示した体積のうすい水酸化ナトリウム水溶液をそれぞれ加えてよくかき混ぜた。このとき，ビーカーDの水溶液が緑色になった。

表

ビーカー	A	B	C	D	E	F
うすい塩酸の体積(㎤)	50.0	50.0	50.0	50.0	50.0	50.0
うすい水酸化ナトリウム水溶液の体積(㎤)	5.0	10.0	15.0	20.0	25.0	30.0

(1) ビーカーDの水溶液が緑色になった理由について説明した次の文の（　①　），（　②　）にあてはまる語句を書きなさい。

水素イオンと（　①　）が過不足なく反応し，水溶液の性質が（　②　）になったから。

① 　　　　　　　　　②

(2) 〈実験〉のように酸性の水溶液とアルカリ性の水溶液を混ぜ合わせたときに起こる，互いの性質を打ち消し合う化学変化を何というか，書きなさい。

(3) 〈実験〉で起こった化学変化を，化学反応式で表しなさい。

(4) 図2はビーカーBとDの水溶液に含まれるイオンをモデルで示したものである。図2をもとに，図3がビーカーCの水溶液に含まれるイオンを示したものになるように，□内にイオンのモデルをかき加えなさい。

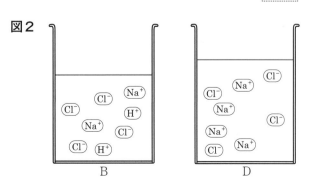

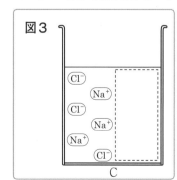

1 表1に示した3種類のプラスチック製品について調べた。あとの問いに答えなさい。

(1) プラスチックのように燃えて二酸化炭素を発生する物質を何というか，書きなさい。

表1

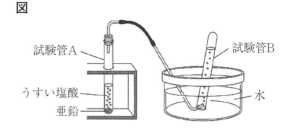

プラスチック製品	ストロー	CDケース	消しゴム
密度〔g/cm³〕	0.90	1.05	1.37
プラスチックの種類	ポリプロピレン	ポリスチレン	ポリ塩化ビニル

(2) 3種類のプラスチック製品の小片をA～Cとし，水および濃い砂糖水の中に沈めて静かにはなしたところ，表2のようになった。A～Cのプラスチックの種類を書きなさい。ただし，水の密度を1 g/cm³とする。

表2

	水	砂糖水
A	浮いた	浮いた
B	沈んだ	浮いた
C	沈んだ	沈んだ

A	B	C

2 図のようにして気体を集める方法を何というか，書きなさい。また，この方法で集めることができる気体の性質を書きなさい。

図

試験管A
うすい塩酸
亜鉛
試験管B
水

方法

性質

3 図は3種類の物質の溶解度を示したグラフである。あとの問いに答えなさい。

図

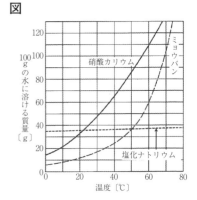

(1) 図の3種類の物質について，40℃の飽和水溶液をつくった。それらを10℃まで冷やしたときに結晶をほとんど得ることができないのはどの物質か，書きなさい。また，その物質の結晶を得るための方法を書きなさい。

物質

方法

(2) 質量パーセント濃度が30％の硝酸カリウム水溶液120 gに，水を加えて10％にした。このとき加えた水は何gか，求めなさい。

g

(3) 物質がすべて溶けているときの水溶液中の粒子のようすとして適切なものを，右のア～エから1つ選び，記号を書きなさい。

ア　　　イ　　　ウ　　　エ

4 　混合物を分離する実験を行った。あとの問いに答えなさい。

〈実験〉　**図1**の装置で水25mLとエタノール5mLの混合物を加熱すると，試験管Aに液体が集まった。試験管Aに液体が約5mL集まったところで試験管Bにかえ，さらに試験管Bに液体を約5mL集めた。**図2**はそのときの温度変化を示したものである。

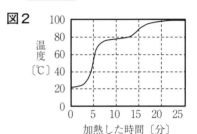

図1

水とエタノールの混合物
沸騰石

(1)　〈実験〉のように液体を気体にし，再び液体にして集める方法を何というか，書きなさい。

(2)　混合物が沸騰し始めたのは加熱してから約何分後か，次の**ア**〜**エ**から1つ選び，記号を書きなさい。

ア　約3分後　　　イ　約7分後
ウ　約13分後　　エ　約22分後

図2

温度〔℃〕
100
80
60
40
20
0
0　5　10　15　20　25
加熱した時間〔分〕

(3)　試験管Aに集まった液体には，試験管Bに集まった液体よりも多くのエタノールが含まれていた。そのようになる理由を書きなさい。また，エタノールが多く含まれていることを確かめる方法を，1つ書きなさい。

理由

方法

5 　図の装置で炭酸水素ナトリウムを加熱すると，**気体が発生し，加熱した試験管の口付近には液体がついた。**あとの問いに答えなさい。

図

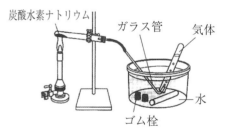

炭酸水素ナトリウム
ガラス管
気体
水
ゴム栓

(1)　このとき起こった化学変化を，化学反応式で表しなさい。

(2)　火を消す前にしなければならないことを，その目的と合わせて書きなさい。

(3)　反応が完全に終わったあと，加熱した試験管には白い物質が残った。加熱後の物質と炭酸水素ナトリウムをそれぞれ水に入れてフェノールフタレイン溶液を加えたとき，どちらの方が濃い赤色になるか，書きなさい。

(4)　ホットケーキなどの材料であるベーキングパウダーには炭酸水素ナトリウムが含まれている。炭酸水素ナトリウムが含まれていることで生地がふくらむ理由を書きなさい。

6 　酸化銅の還元について，あとの問いに答えなさい。

(1)　図1の装置で酸化銅を還元させるとき，石灰水はどのように変化するか，書きなさい。

図1

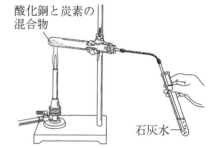
酸化銅と炭素の
混合物

石灰水

(2)　酸化銅と炭素の混合物を加熱することで酸化銅が還元される理由を，「炭素は銅よりも」に続けて書きなさい。

炭素は銅よりも

(3)　6.00 g の酸化銅といろいろな質量の炭素を反応させて，試験管内に残った物質の質量を調べたところ，図2のようになった。酸化銅中の銅と酸素の質量比を，最も簡単な整数比で書きなさい。

銅：酸素 ＝

図2

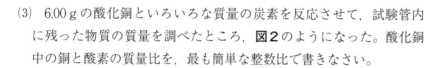

試験管内に残った物質の質量〔g〕
加えた炭素の質量〔g〕

(4)　図1の装置で，2.00 g の酸化銅と0.20 g の炭素を反応させたとき，試験管内に残る物質は何 g か，求めなさい。

g

7 　塩酸と石灰石を反応させ，質量の変化を調べる実験を行った。あとの問いに答えなさい。

〈実験〉　塩酸20.0cm³を入れたビーカーの質量を電子てんびんで測定すると128.0 g であった。次に，図1のように石灰石の粉末0.5 g を加え，よく混ぜて反応させ，再びビーカー全体の質量を測定した。同様の操作を，石灰石の粉末の質量をかえて行ったところ，図2のようになった。

図1

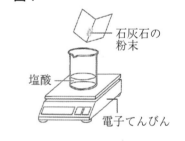
石灰石の
粉末

塩酸

電子てんびん

(1)　質量保存の法則を利用することで，〈実験〉で発生した気体の質量を求めることができる。質量保存の法則が成り立つ理由を，原子の種類と数に着目して書きなさい。

図2

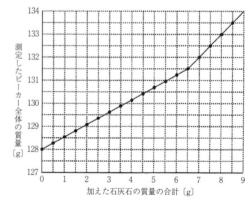

測定したビーカー全体の質量〔g〕
加えた石灰石の質量の合計〔g〕

(2)　塩酸20.0cm³と過不足なく反応する石灰石の質量と，そのとき発生する気体の質量はそれぞれ何 g か，求めなさい。

石灰石	気体
g	g

(3)　〈実験〉で使ったものと同じ石灰石3.9 g を，〈実験〉で使った塩酸の3倍の濃度の塩酸ですべて反応させるとき，この塩酸は少なくとも何cm³必要か，求めなさい。

cm³

8 図の装置で，ビーカーAに塩化銅水溶液，ビーカーBに水酸化ナトリウ
ム水溶液を入れ，電流を流した。あとの問いに答えなさい。ただし，電流
を流す前の水溶液はどちらも飽和していないものとする。

図
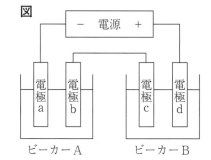

(1) 塩化銅が水に溶けてイオンに分かれるようすを，化学式を使って表し
なさい。

（解答欄）

(2) 電極 c で発生する物質を，化学式で書きなさい。

（解答欄）

(3) 電流を十分に流したときの，ビーカーAとBの水溶液の濃さ(質量パーセント濃度)の変化として適切なも
のを，次のア〜ウから1つずつ選び，記号を書きなさい。

A	B

ア 濃くなった。　　　　イ うすくなった。　　　　ウ 変化しなかった。

9 塩酸と水酸化ナトリウム水溶液の反応について調べる実験を行った。あとの問いに答えなさい。

〈実験〉 塩酸100㎤を入れたビーカーに水酸化ナトリウム水溶
液10㎤を加え，よくかき混ぜた。この反応後の水溶液に
マグネシウム0.1gを加えると，300㎤の気体が発生した。
同様の操作を，水酸化ナトリウム水溶液の体積をかえて
行った。図はその結果の一部を示したものである。

図
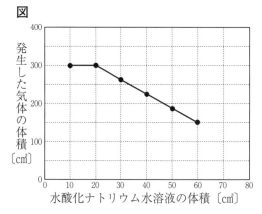

(1) 塩酸中の陽イオンと水酸化ナトリウム水溶液中の陰イオン
が結びつくときの反応を，化学式を使って表しなさい。

（解答欄）

(2) 〈実験〉で，加えた水酸化ナトリウム水溶液の体積が10㎤〜60㎤のときの反応後の水溶液のpHの値として適
切なものを，次のア〜オから1つ選び，記号を書きなさい。

ア 水酸化ナトリウム水溶液の体積が10㎤〜20㎤のときは7で，20㎤よりも大きくなると7よりも小さくなる。
イ 水酸化ナトリウム水溶液の体積が10㎤〜20㎤のときは7よりも小さく，20㎤よりも大きくなると7になる。
ウ 水酸化ナトリウム水溶液の体積をかえても7のままである。
エ 水酸化ナトリウム水溶液の体積をかえても7よりも小さいままである。
オ 水酸化ナトリウム水溶液の体積をかえても7よりも大きいままである。

（解答欄）

(3) 〈実験〉で，塩酸100㎤を完全に中和させるのに必要な水酸化ナトリウム水溶液は何㎤か，求めなさい。

（解答欄） ㎤

(4) 〈実験〉で，マグネシウム0.1gと過不足なく反応する塩酸は何㎤か，求めなさい。

（解答欄） ㎤

ここがポイント

理科

植物の分類

植物
├─ 胞子でふえる植物
│ ├─ コケ植物…ゼニゴケ, スギゴケなど
│ │ （維管束が<u>ない</u>/根, 茎, 葉の区別が<u>ない</u>）
│ └─ シダ植物…イヌワラビ, スギナなど
│   （維管束が<u>ある</u>/根, 茎, 葉の区別が<u>ある</u>）
└─ 種子植物
   ├─ 裸子植物…マツ, イチョウ, ソテツなど
   │ （<u>子房がない</u>）
   └─ 被子植物
      （<u>子房がある</u>）
      ├─ 単子葉類…チューリップ, イネ, トウモロコシなど
      │ （右上表参照）
      └─ 双子葉類
         （右上表参照）
         ├─ 離弁花類…アブラナ, サクラ, エンドウなど
         │ （花弁が<u>離れている</u>）
         └─ 合弁花類…タンポポ, アサガオ, ツツジなど
            （花弁が<u>くっついている</u>）

	子葉	根	茎の維管束	葉脈
単子葉類	1枚	ひげ根	ばらばら	平行脈
双子葉類	2枚	主根と側根	輪状に並ぶ	網状脈

〈被子植物の花のつくり〉

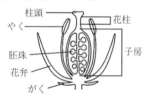

柱頭／花柱／やく／胚珠／子房／花弁／がく

▶花は外側から, がく, 花弁, おしべ, めしべの順に並んでいる。おしべの先端の**やく**で花粉をつくり, 花粉がめしべの**花柱**の先の**柱頭**につくことを**受粉**という。その後, **子房は果実**に, **胚珠は種子**になる。

〈マツの雌花と雄花のりん片〉

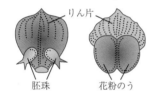

りん片／胚珠／花粉のう

▶裸子植物であるマツの**雌花**には<u>子房がなく, 胚珠はむき出しでりん片</u>についている。また, **雄花のりん片には花粉のう**がついていて, 中に花粉が入っている。花粉が胚珠に直接ついて受粉し, 種子ができる。

動物の分類

〈脊椎動物の分類〉

魚類	両生類	は虫類	鳥類	哺乳類
水中に殻のない卵を産む		陸上に殻のある卵を産む		胎生
えら呼吸	子はえらと皮ふ 親は肺と皮ふ	肺呼吸		
うろこ	しめった皮ふ	うろこ	羽毛	毛

▶<u>背骨のない動物</u>を**無脊椎動物**といい, 節足動物, 軟体動物, その他の無脊椎動物に分類できる。

▶<u>背骨のある動物</u>を**脊椎動物**といい, 魚類, 両生類, は虫類, 鳥類, 哺乳類に分類できる。

〈肉食動物〉

犬歯

▶**肉食動物**…<u>目が前向きについている</u>ため, 立体的に見える範囲が広く, 獲物までの距離をはかるのに適している。また, <u>犬歯が大きく, するどくなっていて, 肉を食いちぎったり, 骨をかみ砕いたりするのに適している。</u>

〈草食動物〉

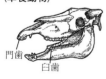

門歯／臼歯

▶**草食動物**…<u>目が横向きについている</u>ため, 広範囲を見ることができ, 敵を見つけやすい。また, <u>草を切るための門歯や切った草をすりつぶすための臼歯が発達している。</u>

〈その他の重要語句〉胞子のう, 節足動物の分類, 外とう膜

1 ア～エの植物について，あとの問いに答えなさい。

図1

ア　　　　イ　　　　ウ　　　　エ

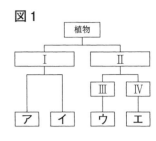

(1) エの植物のAは，雄花と雌花のどちらか，書きなさい。また，Aの花のりん片についているものは何か，書きなさい。

どちらか	何か

(2) 図1はア～エを分類したものである。IとⅢにあてはまる特徴の組み合わせとして適切なものを，右のa～dから1つ選び，記号を書きなさい。

	I	Ⅲ
a	種子をつくる	胚珠が子房の中にある
b	種子をつくらない	胚珠がむき出しになっている
c	種子をつくらない	胚珠が子房の中にある
d	種子をつくる	胚珠がむき出しになっている

2 ア～オの動物について，あとの問いに答えなさい。

フナ　　　イモリ　　　トカゲ　　　カニ　　　イカ

    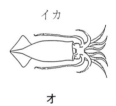

ア　　　　イ　　　　ウ　　　　エ　　　　オ

(1) 体がしめった皮ふでおおわれている脊椎動物を，ア～ウから1つ選び，記号を書きなさい。

(2) エは無脊椎動物の節足動物に分類される。節足動物の特徴を，1つ書きなさい。

(3) オは無脊椎動物の何動物に分類されるか，書きなさい。

動物

3 肉食動物と草食動物の違いについて，あとの問いに答えなさい。

図2　　　図3

(1) 草食動物の頭の骨は，図2と図3のどちらか，番号を書きなさい。

図

(2) 肉食動物の目のつき方の特徴を，その利点と合わせて書きなさい。

理科

ここがポイント

植物の体のつくり

〈根のつくり〉

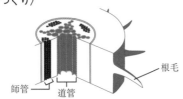

根毛
師管　道管

〈茎のつくり（双子葉類）〉

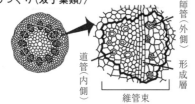

師管（外側）
道管（内側）
形成層
維管束

〈葉のつくり〉

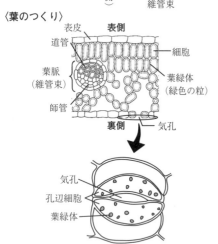

表皮
道管
細胞
葉脈（維管束）
葉緑体（緑色の粒）
師管
気孔
表側
裏側

気孔
孔辺細胞
葉緑体

▶根の先端近くには，小さな毛のような**根毛**が多数見られる。根毛があることで，根の表面積が大きくなり，水や水に溶けた養分を効率よく吸収できる。

▶茎の内側には水や水に溶けた養分を運ぶ**道管**，外側には葉でつくられた養分を運ぶ**師管**がある。道管と師管が集まった部分を**維管束**という。

▶葉の内部は**細胞**が集まってできている。細胞の中にはたくさんの**葉緑体**が見られる。細胞は葉の裏側より表側の方がすき間なく並んでいる。また，葉の表面には葉緑体をもたない細胞がすき間なく並んでいる。これを表皮という。

▶表皮のところどころに，葉緑体をもつ**孔辺細胞**で囲まれたすき間がある。これを**気孔**という。気孔は，多くの植物で葉の裏側に多くあり，水蒸気の出口，酸素と二酸化炭素の出入り口になっている。孔辺細胞のはたらきによって気孔が開閉し，気体の出入りが調節される。

植物のはたらき

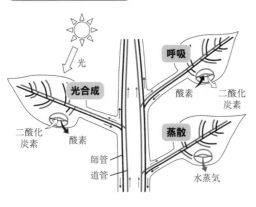

光
呼吸
光合成
酸素
二酸化炭素
二酸化炭素
酸素
蒸散
師管
道管
水蒸気

〈光合成〉

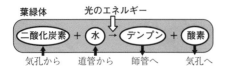

葉緑体　　光のエネルギー
二酸化炭素 ＋ 水 → デンプン ＋ 酸素
気孔から　道管から　師管へ　気孔へ

▶無機物である**二酸化炭素**と**水**を材料に，光のエネルギーを利用して，有機物である**デンプン**などをつくり，**酸素**を放出するはたらきを**光合成**という。光合成は葉緑体で行われる。

▶植物も動物と同じように，酸素をとり入れて二酸化炭素を放出する**呼吸**を１日中行っているが，光が強い昼は，呼吸よりも光合成で出入りする気体の量の方が多いため，二酸化炭素をとり入れて酸素を出しているように見える。

▶根から吸い上げられた水が，水蒸気になって気孔から出ていくことを**蒸散**という。蒸散がさかんに行われると，水の吸い上げもさかんに行われる。

〈その他の重要語句〉葉のつき方，ヨウ素液，ふ入りの葉

1 図1はある植物の葉の断面を示したものである。光合成が行われる緑色の粒Aと気体の出入り口であるすき間Bを何というか，書きなさい。

図1

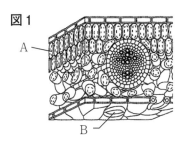

A	B

2 植物のはたらきについて調べた。あとの問いに答えなさい。

(1) 図2は昼と夜における光合成と呼吸のようすで，矢印は気体の出入りを示している。Aは，昼と夜のどちらか，書きなさい。

図2

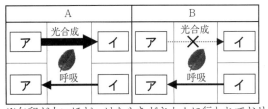

(2) 図2のイにあてはまる気体を，物質名で書きなさい。

※矢印が太いほど，はたらきがさかんに行われており，Bでは光合成が行われていない。

3 図3の装置を4つ用意してA〜Dとし，3時間の水の減少量を調べた。表はそれぞれの装置における処理と水の減少量をまとめたものである。

図3
ある種子植物

表

装置	処理	水の減少量
A	何も処理しない	2.0 g
B	すべての葉の裏側にワセリンをぬる	0.9 g
C	すべての葉の表側にワセリンをぬる	1.4 g
D	すべての葉を切りとり，切り口にワセリンをぬる	0.3 g

油
水

(1) 植物の体内から水が水蒸気となって出ていく現象を何というか，書きなさい。

(2) 葉の表側や裏側にワセリンをぬる目的を書きなさい。

(3) 3時間での葉の裏側からの水の減少量は何gか，求めなさい。

g

(4) 図3の水に赤インクを溶かして数時間置いたあと，茎の断面を観察すると，赤く染まった部分が見られた。そのようすを正しく示したものを，右の**ア〜エ**から1つ選び，記号を書きなさい。ただし，黒くぬりつぶされている部分が赤く染まった部分を示している。

ア　　　イ　　　ウ　　　エ

ここがポイント

理科

細胞のつくり

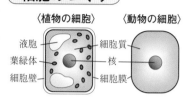

〈植物の細胞〉　〈動物の細胞〉

液胞　細胞質
葉緑体　核
細胞壁　細胞膜

▶体を支えるのに役立つ**細胞壁**，不要な物質などを含む液をたくわえる**液胞**，光合成を行う**葉緑体**は植物の細胞のみに見られる。体が1つの細胞でできている生物を**単細胞生物**，多くの細胞からできている生物を**多細胞生物**という。

消化と吸収

〈消化液と養分，柔毛〉

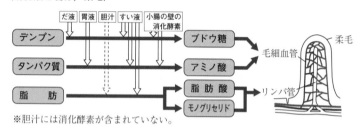

※胆汁には消化酵素が含まれていない。

▶養分を消化液（消化酵素）のはたらきで分解し，分子の大きさを小さくすることを**消化**という。消化酵素には，はたらきやすい温度があり，決まった物質に，少量でくり返しはたらくなどの性質がある。

▶消化された養分が体内にとり入れられることを**吸収**といい，吸収はおもに小腸の**柔毛**で行われる。たくさんの柔毛があることで表面積が大きくなり，養分を効率よく吸収できる。

呼吸，血液の循環，排出

〈肺胞と毛細血管〉

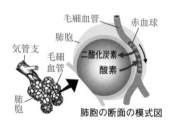

肺胞の断面の模式図

▶肺には，たくさんの**肺胞**があることで表面積が大きくなり，酸素と二酸化炭素を効率よく交換できる。肺胞には**毛細血管**がはりめぐらされている。

▶心室から送り出される血液が流れる血管を動脈，心房に戻ってくる血液が流れる血管を静脈という。**肺静脈**と**大動脈**には酸素を多く含む**動脈血**が，**大静脈**と**肺動脈**には二酸化炭素を多く含む**静脈血**が流れている。

〈血液の循環〉

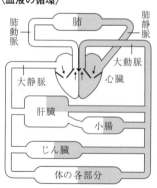

肺動脈　肺　肺静脈
大動脈
大静脈　心臓
肝臓
小腸
じん臓
体の各部分

動脈血 酸素を多く含む血液

静脈血 二酸化炭素を多く含む血液

▶血液が心臓から肺を通って心臓に戻る経路を**肺循環**，心臓から肺以外の全身を通って心臓に戻る経路を**体循環**という。

▶血液の主な成分には，**赤血球**（酸素を運ぶ），**白血球**（細菌などを分解する），**血小板**（出血した血液を固める），**血しょう**（養分や不要物を運ぶ）などがある。また，血しょうは毛細血管からしみ出して**組織液**となり，細胞のまわりを満たしている。

▶有害なアンモニアは肝臓で無害な尿素に変えられ，尿素はじん臓で血液中からとり除かれて尿となり，体外に排出される。

〈その他の重要語句〉いろいろな消化酵素，ベネジクト液，横隔膜，ヘモグロビン，心臓のつくり

1 図1はある植物の細胞を示したものである。A～Eを何というか，書きなさい。ただし，Dは緑色の粒である。

図1

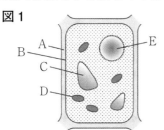

A		B
C		D
E		

2 図2はヒトの器官を示したものである。あとの問いに答えなさい。

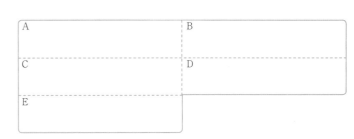

(1) 消化液に含まれる，養分を分解するはたらきをもつ物質を何というか，書きなさい。

(2) デンプンの消化に関係する消化液をつくる器官を，**図2**のA～Gから2つ選び，記号を書きなさい。

(3) **図3**は**図2**のHの内部を拡大したものである。a～cを何というか，書きなさい。ただし，cはHの内部の突起を，aとbはcの内部の管を示している。

a	b	c

図3

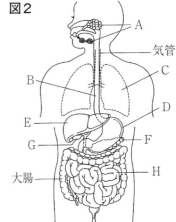

(4) アミノ酸が吸収されるのは，**図3**のaとbのどちらか，記号を書きなさい。

(5) **図3**のcのような突起がたくさんあることは，養分を吸収する上でどのような利点があるか，「表面積」という語句を使って書きなさい。

3 図4は，ヒトの血液が循環する経路を示したもので，矢印は血液が流れる方向を，a～dは血管を示している。あとの問いに答えなさい。

図4

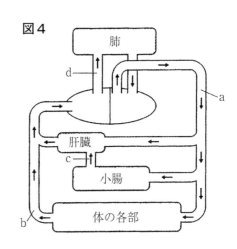

(1) 肺にある，気体の交換を効率よく行うための小さな袋状のつくりを何というか，書きなさい。

(2) 酸素を最も多く含む血液が流れる血管を，**図4**のa～dから1つ選び，記号を書きなさい。

ここがポイント

理科

神経系，刺激と反応

〈神経系のつくり〉

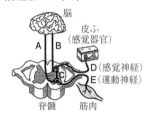

脳

皮ふ
（感覚器官）

A　B

D（感覚神経）
E（運動神経）

脊髄　　筋肉

▶脳と脊髄を**中枢神経**，感覚神経と運動神経を**末しょう神経**という。

▶皮ふで受けとった刺激に対して意識とは無関係に起こる反応（皮ふ→D→C →E→筋肉）を**反射**という。反射は，意識して起こす反応（皮ふ→D→B→脳 →A→E→筋肉）に比べ，刺激を受けとってから反応するまでの時間が短い。

〈目のつくり〉

網膜　　　　虹彩

視神経　　　　　ひとみ

水晶体

▶**虹　彩**…明るさによってひとみの大きさを変化させ，水晶体に入る光の量を 調節する。
▶**水晶体**…光が屈折して，網膜上にピントの合った像が結ばれる。レンズ。
▶**網　膜**…光の刺激を受けとる細胞（感覚細胞）がある。

ヒトの骨格と筋肉

〈うでの曲げのばしと筋肉〉

曲げる

ゆるむ　縮む

縮む　ゆるむ

のばす

▶体の内部にはたくさんの骨が結合して組み立てられている**骨格**があり，体を 支えたり，体を動かしたりするはたらきがある。

▶**筋肉**は骨のまわりにあり，縮んだり，ゆるんだりすることで，関節の部分で 骨格を曲げることができる。骨格についている筋肉の両端は**けん**という丈夫 なつくりになっていて，関節をへだてて２つの骨についている。

細胞分裂と生物の成長

〈植物細胞の細胞分裂のようす〉

▶細胞分裂が始まる前に**染色体**が複製される。

▶生物の体は，細胞が分裂して数がふえることと，それらの細胞が大き くなることで成長する。

生物のふえ方

〈有性生殖のしくみ〉

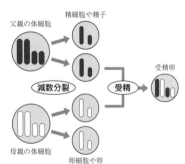

父親の体細胞

精細胞や精子

減数分裂　　受精

受精卵

母親の体細胞

卵細胞や卵

▶生殖には，受精を行わず体細胞分裂によってなかまをふやす**無性生殖** と，**生殖細胞**によって新しい個体をつくる**有性生殖**がある。

▶精子や卵などの生殖細胞がつくられるときに行われる染色体の数が半 分になる細胞分裂を**減数分裂**という。これにより，**受精卵**は親と同じ 数の染色体をもつことになる。

▶受精卵は細胞分裂をくり返して**胚**になる。受精卵が成長して親と同じ ような体になるまでの過程を**発生**という。

〈その他の重要語句〉**耳のつくり，染色液，栄養生殖，花粉管**

1　ヒトの反応について調べた。図1はヒトの神経系を示したものである。あとの問いに答えなさい。

〈反応1〉　熱い湯が入ったやかんに手がふれ，思わず手を引っこめた。

〈反応2〉　手が冷たくなったので，はく息であたためるため，腕を曲げて，手を口に近づけた。

図1

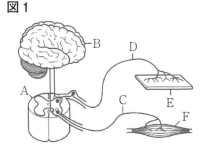

(1)　〈反応1〉のように無意識に起こる反応を何というか，書きなさい。

(2)　〈反応1〉と〈反応2〉で，命令の信号が出される部分を，図1のA〜Fから1つずつ選び，記号を書きなさい。

〈反応1〉	〈反応2〉

2　図2はヒトが腕をのばしたときと曲げたときの骨格と筋肉のようすを示したものである。ゆるむ筋肉を，A〜Dからすべて選び，記号を書きなさい。

図2

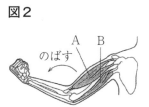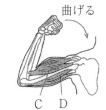

3　図3はタマネギの根の細胞を観察したものである。あとの問いに答えなさい。

(1)　図3のア〜オを，アを最初にして細胞分裂の順になるように並べなさい。

ア →　　　→　　　→　　　→

(2)　タマネギの根がのびる仕組みを，細胞の数と細胞の大きさの変化に着目して書きなさい。

図3

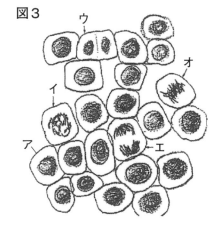

4　生物のふえ方について説明した次の文の（　①　）〜（　⑤　）にあてはまる語句を書きなさい。

　ジャガイモの種いもを土に植えると，種いも一部から新しい個体ができていもがたくさんとれる。このように（　①　）を必要とせず新しい個体をふやす方法を無性生殖という。一方，ジャガイモは種子によってなかまをふやすこともできる。種子の中の胚は，精細胞と卵細胞などの（　①　）の核が合体してできた（　②　）が成長したものである。このように（　①　）によってなかまをふやす方法を（　③　）という。（　①　）がつくられるときには（　④　）の数が元の細胞の半分になる（　⑤　）という特別な細胞分裂が行われる。

①
②
③
④
⑤

ここがポイント

理科

遺伝の規則性と遺伝子

〈子の代への遺伝〉

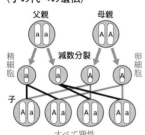

▶生物がもつ形や性質を**形質**という。親のもつ形質が子に伝わることを**遺伝**といい，染色体にある**遺伝子**によって子に伝えられる。遺伝子の本体は**ＤＮＡ**（デオキシリボ核酸）である。

▶対立形質をもつ**純系**どうしの両親からできる子には，両親の一方の形質だけが現れる。このとき子に現れる形質を**顕性**，現れない形質を**潜性**という。

〈孫の代への遺伝〉

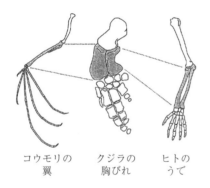

▶対になっている遺伝子は減数分裂によって別々の生殖細胞に入る（**分離の法則**）。顕性の形質を伝える遺伝子をＡ，潜性の形質を伝える遺伝子をａとしたとき，遺伝子の組み合わせがＡＡとａａの親をかけ合わせると，子の遺伝子の組み合わせはすべてＡａとなり，顕性形質のみが現れる。さらに，ＡａとＡａの子をかけ合わせると，孫の遺伝子の組み合わせとその数の比は ＡＡ：Ａａ：ａａ＝1：2：1 となり，顕性形質：潜性形質＝3：1の比で現れる。

生物の進化

〈コウモリ, クジラ, ヒトの骨格〉

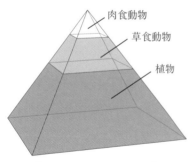

コウモリの翼　クジラの胸びれ　ヒトのうで

▶遺伝子は不変ではなく，まれに変化することがある。これにより，長い年月をかけて形質が変化し，生物の体の特徴が変化することを**進化**という。

▶現在の形やはたらきは異なるが，骨格の基本的なつくりがよく似ていて，同じものから変化したと考えられる体の部分を**相同器官**という。カエル（両生類）やカメ（は虫類）の前あし，ハト（鳥類）やコウモリ（哺乳類）の翼，クジラ（哺乳類）の胸びれ，ヒト（哺乳類）のうでなど。

自然界のつり合い

〈生物の数量関係〉

肉食動物
草食動物
植物

（食べられる生物の数量は食べる生物よりも多い。）

▶生物どうしの食べる・食べられるという関係を**食物連鎖**という。1種類の生物が複数の食物連鎖に関係することが多く，食物連鎖が網の目のように複雑に入り組んだものを**食物網**という。

▶無機物から有機物をつくる植物などを**生産者**，生産者がつくった有機物を直接または間接的にとり入れる草食動物や肉食動物を**消費者**という。また，消費者のうち，生物のふんや死がいなどの有機物を無機物に分解する菌類・細菌類，土の中の小さな生物を**分解者**という。

〈その他の重要語句〉**メンデル，シソチョウ，生態系，物質の循環**

1 遺伝の規則性について，あとの問いに答えなさい。

　ある植物で，代々赤い花をつけるものと白い花をつけるものを親の代としてかけ合わせると，**図1**のように子の代はすべて赤い花をつけた。**図2**は親の代の赤い花と白い花の体細胞の染色体を示したものである。

図1

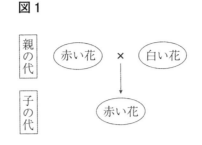

図2

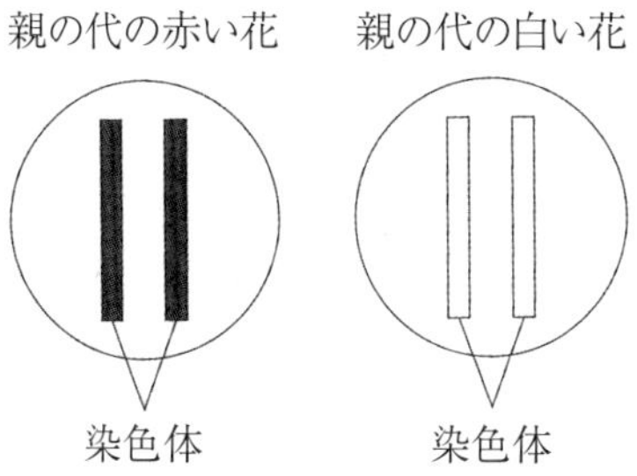

(1) 世代をいくつ重ねても親と同じ形質が現れるものを何というか，書きなさい。

(2) **図1**の植物の花の色では，白は，顕性と潜性のどちらか，書きなさい。

(3) 減数分裂によって対になっている遺伝子が分かれて別々の生殖細胞に入ることを何というか，書きなさい。

(4) **図1**の親の代の赤い花がつくる生殖細胞の染色体として適切なものと，**図1**の子の代の赤い花の体細胞の染色体として適切なものを，次の**ア～カ**から1つずつ選び，記号を書きなさい。

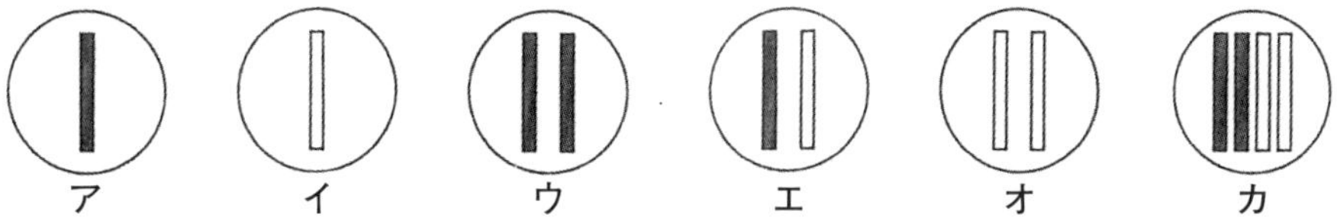

親の代	子の代

(5) **図1**の子の代の赤い花どうしをかけ合わせてできる孫の代の体細胞の染色体として適切なものを，(4)の**ア～カ**からすべて選び，記号を書きなさい。

2 図3が，生物の数量関係がつり合いのとれた状態から，何らかの原因で植物の数量が減少し，再びつり合いのとれた状態に戻るまでの変化を示したものになるように，□□□内のア～ウを並べなさい。

図3

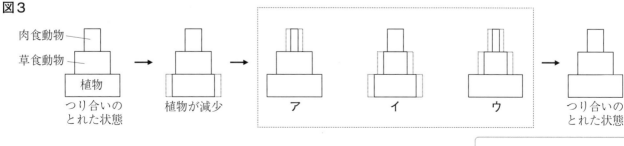

→　　→

1 図のように植物を A ～ E に分類
した。あとの問いに答えなさい。

(1) A ～ E に分類される植物を,
次の**ア**～**オ**から 1 つずつ選び,
記号を書きなさい。

ア アカマツ　**イ** スギナ
ウ ツユクサ　**エ** スギゴケ
オ アサガオ

図

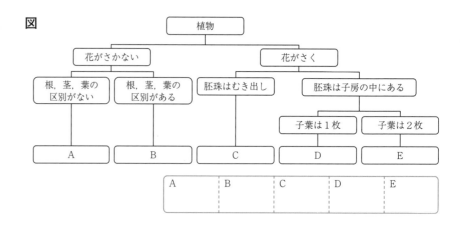

A	B	C	D	E

(2) C に分類される植物は何植物か, 書きなさい。

　　　　　　　　　　　　　　　　　　　　　　植物

(3) E のうち, 花弁が 1 枚 1 枚離れている植物を何類というか, 書きなさい。また, そのなかまに分類される
植物を, 次の**ア**～**オ**からすべて選び, 記号を書きなさい。

ア ツツジ　**イ** バラ　　**ウ** タンポポ
エ エンドウ　**オ** サクラ

	記号
類	

2 植物の光合成について調べる実験を行った。あとの問いに答えなさい。

〈実験〉　ある日の夕方に, 図のように庭に植えてある植物の葉の一部をアルミ
ニウムはくでおおった。よく晴れた翌日の正午ごろにその葉をとり, ア
ルミニウムはくをはずしてから熱湯にひたし, あたためたエタノールに
入れ, 水洗いしてからヨウ素液につけた。

図

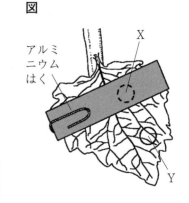

アルミ
ニウム
はく

X

Y

(1) 〈実験〉で, 葉をあたためたエタノールに入れることでヨウ素液による色の
変化を観察しやすくなる理由を書きなさい。

(2) 〈実験〉で, ヨウ素液の色が変化するのは, 図の X と Y のどちらか, 記号を書きなさい。また, その部分は
何色に変化するか, 書きなさい。

記号	
	色

(3) 〈実験〉からわかる光合成に必要な条件を書きなさい。

(4) 生態系において, 植物が生産者とよばれる理由を,「有機物」と「無機物」という語句を使って書きなさい。

3 図のように脊椎動物をA〜Eに分類した。あとの問いに答えなさい。

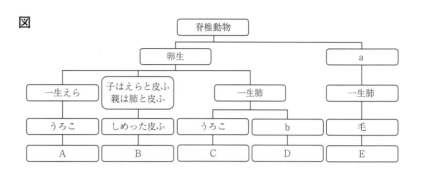

図

(1) aとbにあてはまる語句を書きなさい。

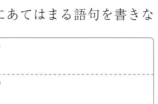

(2) A〜Eはそれぞれ何類か，書きなさい。

A		B		C		D		E	
	類		類		類		類		類

(3) 遺伝子が変化することで，長い年月をかけて生物が変化することを何というか，書きなさい。

(4) 2つのグループの特徴をもったシソチョウの存在は(3)の証拠の1つとして考えられている。シソチョウはどのグループの特徴をもっていたか，A〜Eから2つ選び，記号を書きなさい。

(5) (4)以外にも，相同器官の存在が(3)の証拠の1つとして考えられている。相同器官とはどのような器官か，書きなさい。

4 消化について調べる実験を行った。あとの問いに答えなさい。

〈実験〉 小さな穴があいたセロハンの袋AとBを用意し，Aには40℃で10分間保ったデンプン溶液と水，Bには40℃で10分間保ったデンプン溶液とだ液を入れ，図のように水の中に1時間つけたあと，袋の中の液（Ⅰ）とビーカーに残った液（Ⅱ）について，それぞれヨウ素液とベネジクト液の反応を調べた。

図

セロハンの袋

水

(1) ベネジクト液の反応を調べるとき，試験管に調べたい液とベネジクト液を加えたあと，どのような操作をする必要があるか，書きなさい。

表

		ヨウ素液	青紫色
A	Ⅰ	ベネジクト液	青色
	Ⅱ	ヨウ素液	茶褐色
		ベネジクト液	青色
B	Ⅰ	ヨウ素液	茶褐色
		ベネジクト液	赤褐色
	Ⅱ	ヨウ素液	茶褐色
		ベネジクト液	赤褐色

(2) 表は〈実験〉の結果を示したものである。デンプン（a），ベネジクト液に反応した物質（b），セロハンの穴（c）の大きさの関係として適切なものを，次のア〜エから1つ選び，記号を書きなさい。

ア a＞b＞c　　イ a＞c＞b　　ウ b＞c＞a　　エ c＞a＞b

(3) 消化とはどのようなはたらきか，「分子」という語句を使って書きなさい。

5　エンドウの種子の形には，丸形としわ形がある。丸形の遺伝子をA，しわ形の遺伝子をaとすると，対になっている遺伝子の組み合わせは，ＡＡ，Ａａ，ａａの3通りある。このことについて，遺伝の規則性を調べる実験を行った。あとの問いに答えなさい。

図

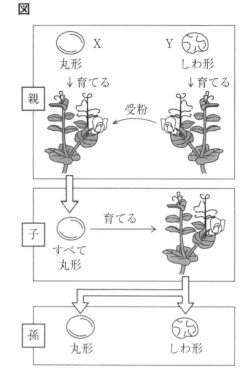

〈実験〉　図のように丸形の純系の親Ｘのめしべに，しわ形の純系の親Ｙの花粉を受粉させると，できた子の代の種子はすべて丸形であった。子の代の丸形の種子を育て，咲いた花の花粉が同じ花のめしべについて受粉してできた孫の代の種子は丸形としわ形の両方であった。

(1)　丸形としわ形のように1つの種子に同時に現れない形質を何というか，書きなさい。

(2)　染色体に含まれている遺伝子の本体である物質を何というか，書きなさい。

(3)　花粉が同じ花のめしべについて受粉することを何というか，書きなさい。

(4)　受粉後に花粉が胚珠に向かってのばす管を何というか，書きなさい。

(5)　子の代の丸形の種子の遺伝子の組み合わせとして考えられるものを，次のア～ウからすべて選び，記号を書きなさい。
　　　ア　ＡＡ　　イ　Ａａ　　ウ　ａａ

(6)　孫の代の種子のうち，遺伝子aをもつ種子のおよその割合を，次のア～オから1つ選び，記号を書きなさい。
　　　ア　0％　　イ　25％　　ウ　50％　　エ　75％　　オ　100％

(7)　孫の代に現れる丸形としわ形の数の比を，最も簡単な整数比で書きなさい。

丸形：しわ形＝

(8)　子の代のめしべに，親Ｙの花粉を受粉させてできる種子に現れる丸形としわ形の数の比を，最も簡単な整数比で書きなさい。

丸形：しわ形＝

理科

6 土の中の微生物のはたらきを調べる実験を行った。あとの問いに
答えなさい。

図1

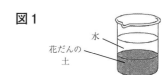
水
花だんの
土

〈実験〉 水を入れたビーカーに花だんの土を入れ、よくかき混ぜて
しばらく置き、図1のように上ずみ液を用意した。次に、デ
ンプン溶液に寒天粉末を入れ、加熱して溶かしたものを、図
2のように滅菌したペトリ皿AとBに入れて培地をつくった。
さらに、図3のようにペトリ皿Aには図1の上ずみ液を、ペ
トリ皿Bには図1の上ずみ液にある処理をしたものを同量加
え、ふたをして、5日間20〜35℃の暗い場所に置き、培地の
表面のようすとヨウ素液による反応を調べた。表はその結果
をまとめたものである。

図2

A   B

図3

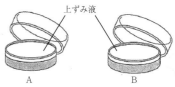
上ずみ液
A   B

理科

表	ペトリ皿A	ペトリ皿B
培地の表面	微生物によるかたまりが現れた。	変化しなかった。
ヨウ素液による反応	表面が青紫色に変化したが、かたまりとその周辺では変化が見られなかった。	表面全体が青紫色に変化した。

(1) 〈実験〉で、ペトリ皿にふたをした理由を書きなさい。

(2) 〈実験〉で、ペトリ皿Bに加えた上ずみ液にした処理を、その目的と合わせて書きなさい。

(3) 〈実験〉からわかる土の中の微生物のはたらきを書きなさい。

(4) 土の中の微生物について説明した次の文の（ ① ）と（ ② ）にあてはまる語句を書きなさい。

土の中の微生物は他の生物から栄養分を得ているので（ ① ）者である。（ ① ）者のうち、土の中
の微生物のように生物の死がいやふんなどから栄養分を得ている生物をとくに（ ② ）者という。

① | ②

(5) 図4は自然界における物質の移動を示したもので、A〜Cには生産者、
消費者、分解者のいずれかが、DとEには気体があてはまる。Aにあては
まる生物を、次のア〜カから2つ選び、記号を書きなさい。また、Eにあ
てはまる気体を、物質名で書きなさい。

ア ミミズ　イ ケイソウ　ウ 乳酸菌　エ リス　オ コナラ
カ ミジンコ

A | E

図4

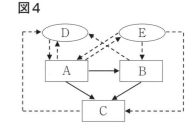

火山

〈マグマのねばりけと火山の形〉

マグマのねばりけ	強い　　←　　　　　→　　　弱い
溶岩の色	白っぽい　←　　　　　→　黒っぽい
噴火のようす	激しい　　←　　　　　→　おだやか
火山の形	鐘状火山　　　成層火山　　たて状火山

▶マグマのねばりけが強いと激しい噴火をしておわんをふせたような形の火山になり，マグマのねばりけが弱いとおだやかな噴火をして傾斜のゆるやかな形の火山になる。

〈火成岩の種類と特徴〉

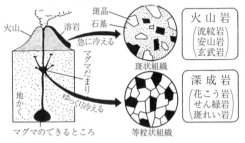

火山岩（流紋岩／安山岩／玄武岩）
斑状組織

深成岩（花こう岩／せん緑岩／斑れい岩）
等粒状組織

▶セキエイやチョウ石などの白っぽい鉱物を**無色鉱物**，**クロウンモ**，**キ石**，**カクセン石**，**カンラン石**などの黒っぽい鉱物を**有色鉱物**という。ねばりけが強いマグマは無色鉱物を多く含み，固まると白っぽい火成岩になる。また，ねばりけが弱いマグマは有色鉱物を多く含み，固まると黒っぽい火成岩になる。

▶マグマが地表付近で急に冷えて固まると**斑状組織**をもつ**火山岩**ができ，マグマが地下深くでゆっくり冷えて固まると**等粒状組織**をもつ**深成岩**ができる。

地震

〈震源と震央〉

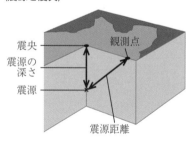

震央
震源の深さ
震源
観測点
震源距離

▶震　　源…地震が発生した地下の場所。
▶震　　央…震源の真上の地表地点。
▶初期微動…伝わる速さが速い**P波**によってはじめに起こる小さなゆれ。
▶主 要 動…伝わる速さが遅い**S波**によってあとに続く大きなゆれ。
▶初期微動継続時間…初期微動が始まってから主要動が始まるまでの時間。震源距離に比例する。
▶震　　度…観測点での地面のゆれの程度。0，1，2，3，4，5弱，5強，6弱，6強，7の10段階に分けられる。

〈地震のゆれ〉

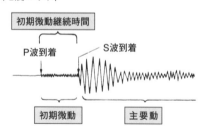

初期微動継続時間
P波到着　　S波到着
初期微動　　主要動

▶マグニチュード…地震の規模（エネルギーの大きさ）を表す値。値が2大きくなるとエネルギーは1000倍になる。
▶緊急地震速報…震源に近い地点で観測されたP波をもとに，S波の到着時刻や震度を予想して知らせるシステム。

〈日本付近のプレート〉

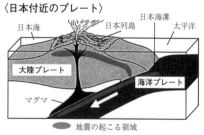

日本海　日本列島　日本海溝　太平洋
大陸プレート
海洋プレート
マグマ
地震の起こる領域

▶海洋プレートが大陸プレートの下に沈みこむとき，大陸プレートが引きずりこまれてひずみが生じる。このひずみが限界に達すると大陸プレートがはね上がり，地震が発生する。このような地震を**海溝型地震**といい，震源は太平洋側から日本海側にいくにつれて深くなっている。また，地震によって海底が大きく上下すると，海水がもち上げられ**津波**が起こることがある。

〈その他の重要語句〉**火山噴出物**，**ハザードマップ**，**活断層**，**隆起と沈降**，**液状化**

1 　図1は3種類の火山の形を示したものである。あとの問いに答えなさい。

図1

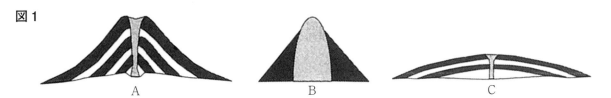

A　　　　　　　B　　　　　　　C

(1)　マグマのねばりけが最も強い火山を，**図1**のA～Cから1つ選び，記号を書きなさい。

(2)　**図1**のBのような形をした火山を，次の**ア**～**エ**から1つ選び，記号を書きなさい。
　ア　富士山　　**イ**　桜島　　**ウ**　雲仙普賢岳　　**エ**　マウナロア

(3)　マグマが冷えて固まった岩石を火成岩という。**図2**は**図1**のBの火山で見られる火成岩をルーペで観察したものである。このようなつくりを何というか，書きなさい。また，このようなつくりをもつ火成岩は，火山岩と深成岩のどちらか，書きなさい。

図2

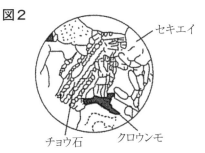

セキエイ

チョウ石　　クロウンモ

つくり	火成岩

(4)　**図2**の岩石に多く含まれるセキエイやチョウ石などの白っぽい鉱物を何というか，書きなさい。

2 　図3はある地震のゆれを記録したもので，横軸は10時20分00秒から20秒ごとに時刻がかかれている。あとの問いに答えなさい。

(1)　はじめに起こる小さなゆれAを何というか，書きなさい。

図3

10時20分12秒

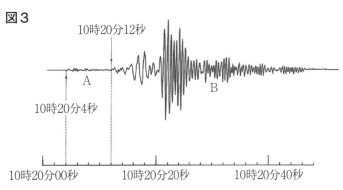

A　　　　　　B

10時20分4秒

10時20分00秒　　10時20分20秒　　10時20分40秒

(2)　Aのゆれが始まってからBのゆれが始まるまでの時間を何というか，書きなさい。

(3)　震源からの距離が200kmの地点では，(2)が25秒間であった。**図3**のゆれを記録した地点の震源からの距離は何kmか，求めなさい。

km

17 地学分野②

堆積岩

〈おもな堆積岩の特徴〉

	堆積するおもなもの	特　　徴
れき岩	れき	粒の直径が2mm以上
砂岩	砂	粒の直径が0.06～2mm
泥岩	泥	粒の直径が0.06mm以下
石灰岩	生物の死がい(炭酸カルシウム)	塩酸をかけると泡が出る。
チャート	生物の死がい(二酸化ケイ素)	塩酸をかけても泡は出ない。
凝灰岩	火山灰，軽石など	粒が角ばっている。

▶れき岩，砂岩，泥岩は粒の大きさで区別され，その他の堆積岩は成分が異なる。また，石灰岩とチャートはどちらも生物の死がいがもとになったものだが，炭酸カルシウムを主成分とする石灰岩に塩酸をかけると二酸化炭素が発生する。

〈砂岩〉

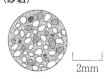

2mm

▶凝灰岩や火成岩などに含まれる粒が角ばっているのに対し，れき岩や砂岩などに含まれる粒は丸みを帯びているものが多い。これは，れきや砂などが流水で運搬されるときに，互いにぶつかり合うなどして角がとれるためである。

地層の広がり

〈露頭〉

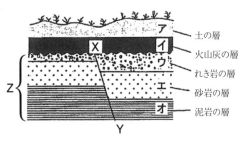

ア ── 土の層
イ ── 火山灰の層
ウ ── れき岩の層
エ ── 砂岩の層
オ ── 泥岩の層

▶地層はふつう，下にある層ほど古い時代に堆積したものである。また，小さな粒ほど河口から離れた沖合(深い海)に堆積する。左図のZ部分では，下から泥岩，砂岩，れき岩の順に堆積しているから，海がだんだん浅くなった(海水面が下降した)ことがわかる。

▶上図のX－Y面のような地層のずれを断層という。断層はウ～オには見られ，アとイには見られないから，この地層は，オ→エ→ウ→X－Y面→イ→アの順にできたことがわかる。

〈柱状図〉

標高88m　標高95m

	火山灰
	れき岩
	砂岩
	泥岩

地表からの深さ〔m〕

標高86m→
標高88m→

※A地点とB地点の火山灰の特徴は同じである。

▶火山灰は広範囲にほぼ同時期に堆積するため，離れた地点で特徴が同じ火山灰の層が見つかれば，地層の広がりを知るよい手がかりとなる。このような層を鍵層という。

▶左図で，火山灰の層の上面の標高に着目すると，この地域では，地層がB地点からA地点に向かって低くなるように傾いていることがわかる。

〈示相化石と示準化石〉

示相化石	シジミ	河口や湖
	アサリ	浅い海
	サンゴ	あたたかくて浅い海
	ブナ	陸　地

示準化石	サンヨウチュウ	古生代
	フズリナ	
	アンモナイト	中生代
	ビカリア	新生代

▶地層が堆積した当時の環境を示す化石を示相化石という。また，地層が堆積した地質年代を示す化石を示準化石という。示準化石を含む地層は鍵層として利用できる。

〈その他の重要語句〉風化，流水のはたらき，しゅう曲

1 図はある場所のがけに現れた地層の重なりを示したものである。あとの問いに答えなさい。

(1) れき岩，砂岩，泥岩は，何の違いによって区別されるか，書きなさい。

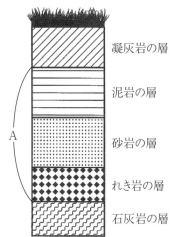

凝灰岩の層
泥岩の層
砂岩の層
れき岩の層
石灰岩の層

(2) れき岩に含まれる粒が丸みを帯びている理由を書きなさい。

(3) 石灰岩にうすい塩酸をかけたときに発生する気体を，物質名で書きなさい。

(4) 火山灰などが堆積してできた層を，**図**から1つ選び，書きなさい。

［　　　　　　　］の層

(5) Aの部分では，下かられき岩，砂岩，泥岩の順に堆積している。このことから，Aの部分が堆積したとき，海水面はどのように変化したと考えられるか，書きなさい。ただし，この場所で地層の上下が逆になるような地殻変動はなかったものとする。

(6) れき岩の層からサンゴの化石が見つかった。このことから，れき岩の層はどのような環境で堆積したと考えられるか，書きなさい。

(7) 砂岩の層からビカリアの化石が見つかった。ビカリアの化石を，次の**ア～エ**から1つ選び，記号を書きなさい。

ア

イ

ウ

エ

(8) ビカリアの化石を含む層が堆積した地質年代を何というか，書きなさい。また，このように地層が堆積した地質年代を示す化石を何というか，書きなさい。

地質年代	化石

18 地学分野③

ここがポイント

理科

気象観測

〈天気記号〉

天気	記号	天気	記号
快晴	○	雨	●
晴れ	①	雪	⊗
くもり	◎		

（北東の風，風力3）

▶天気は，**雲量**によって快晴（0〜1），晴れ（2〜8），くもり（9〜10）に分けられる。

▶風向は，風のふいてくる方向を16方位で表す。

大気中の水蒸気

〈飽和水蒸気量と露点〉

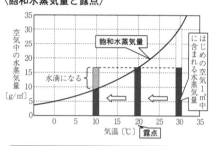

▶空気1㎥中に含むことのできる最大の水蒸気量を**飽和水蒸気量**といい，気温によって変化する。気温が下がって，水蒸気が凝結し始める温度を**露点**という。

▶飽和水蒸気量に対する空気中の水蒸気量の割合を**湿度**という。

$$湿度(\%)＝\frac{空気中の水蒸気量(g/m^3)}{その気温での飽和水蒸気量(g/m^3)}×100$$ で求める。

前線と高気圧・低気圧

〈高気圧と低気圧〉

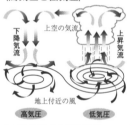

▶**高 気 圧**…まわりより気圧が高いところ。中心では**下降気流**が生じている。
▶**低 気 圧**…まわりより気圧が低いところ。中心では**上昇気流**が生じている。
▶**前 線 面**…寒気と暖気の境界面。前線面が地表と交わってできる線を**前線**という。
▶**寒冷前線**…寒気が暖気をおし上げながら進む。**積乱雲**が発達しやすく，強い雨が短時間降る。通過後，風向は南寄りから北寄りになり，寒気におおわれて気温は下がる。

〈寒冷前線と温暖前線〉

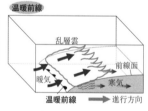

▶**温暖前線**…暖気が寒気の上にはい上がっていく。**乱層雲**ができやすく，弱い雨が長時間降る。通過後，暖気におおわれて気温は上がる。
▶**閉塞前線**…寒冷前線が温暖前線に追いついてできた前線。寒冷前線は温暖前線よりも速く移動する。

日本の気象

〈冬の天気図〉

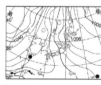

▶春と秋は，**偏西風**の影響を受けて，**移動性高気圧**と低気圧が交互に通過するため，天気が周期的に変化しやすい。夏は，**太平洋高気圧**が発達し，あたたかくしめった**小笠原気団**の影響を受けて，高温多湿で晴れることが多い。冬は，**シベリア高気圧**が発達し，**西高東低**の気圧配置となる。冷たく乾いた**シベリア気団**から北西の**季節風**がふくため，日本海側を中心に大雪が降りやすい。

〈つゆの天気図〉

▶6月ごろと9月ごろには，小笠原気団と，**オホーツク海高気圧**が発達してできる冷たくしめった**オホーツク海気団**が，ほぼ同じ勢力でぶつかって**停滞前線**ができる。6月ごろの停滞前線を**梅雨前線**，9月ごろの停滞前線を**秋雨前線**という。

〈その他の重要語句〉**乾湿計と湿度表，温帯低気圧，台風，海陸風，フェーン現象**

1 **気象について調べるために観察を行った。あとの問いに答えなさい。**

〈観察1〉　グラウンドで午前9時の空を観察したところ，降水はなく，空全体の7割が雲でおおわれていた。

〈観察2〉　理科室で気温と空気1㎥に含まれる水蒸気量を測定したところ，気温は20℃，水蒸気量は9.4ｇ/㎥であった。

(1)　〈観察1〉について，このときの天気は何か，書きなさい。

(2)　〈観察2〉について，このときの理科室内の湿度は何%か，**図1**を利用して求めなさい。ただし，答えは小数第二位を四捨五入し，小数第一位まで求めること。

%

(3)　〈観察2〉について，このときの理科室内の空気の露点は何℃か，**図1**を利用して求めなさい。

℃

(4)　**図2**は観察を行った日の午前9時の天気図である。低気圧の中心から南西側にのびている前線を何というか，書きなさい。

前線

図1

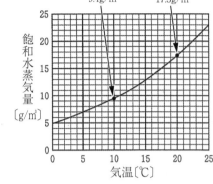

図2

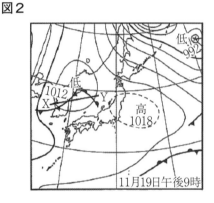

(5)　**図2**のX－Yにおける地表面に対して垂直な断面のようすを模式的に示したものを，次の**ア～エ**から1つ選び，記号を書きなさい。ただし，⇨ は寒気の動きを，➡ は暖気の動きを示している。

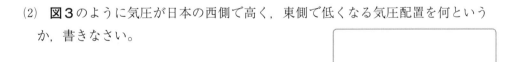

2 **図3は日本付近のある季節の特徴的な天気図である。あとの問いに答えなさい。**　　**図3**

(1)　**図3**はどの季節の特徴的な天気図か，書きなさい。

(2)　**図3**のように気圧が日本の西側で高く，東側で低くなる気圧配置を何というか，書きなさい。

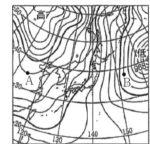

(3)　風が強くふいていると考えられるのは，**図3**のAとBのどちらか，記号を書きなさい。また，そのように考えられる理由を書きなさい。

記号	理由

ここがポイント

理科

地球の自転と日周運動

〈天球の動きと日周運動〉

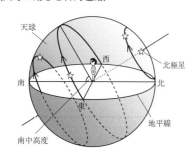

▶天体は，地球を中心とした大きな球形の天井に散りばめられたように見える。このような見かけ上の球面を**天球**という。

▶地球が**地軸**を中心に，西から東へ1日に1回転することを地球の**自転**という。地球の自転による天体の見かけの動きを**日周運動**という。南の空を通る天体は，東の地平線からのぼり，南の空で最も高くなり（**南中**），西の地平線に沈む。また，北の空の天体は，地軸の延長線付近にある**北極星**を中心に反時計回りに回転して見える。

地球の公転と年周運動

〈午後8時のオリオン座の位置〉

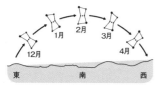

▶地球が太陽のまわりを1年に1回転することを地球の**公転**という。公転の向きは北極側から見て反時計回りである。地球の公転による天体の見かけの動きを**年周運動**という。例えば，午後8時に南中したオリオン座は，1か月後の午後8時には約30度西にずれた位置に見える。

〈北緯35度の地点の南中高度〉

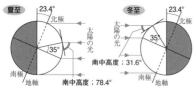

〔春分・秋分の南中高度＝90－緯度〕
〔夏至の南中高度＝90－（緯度－23.4）〕
〔冬至の南中高度＝90－（緯度＋23.4）〕

▶地球の地軸が公転面に垂直な方向に対して約23.4度傾いたまま公転しているため，1年を通して南中高度や昼の長さが変化し，季節の変化が生じる。日の出と日の入りの位置は，**春分・秋分**では真東と真西であり，**夏至**では最も北寄り，**冬至**では最も南寄りになる。また，昼の長さは，春分・秋分では約12時間であり，夏至では最も長く，冬至では最も短い。

月と金星の見え方

〈月の見え方〉

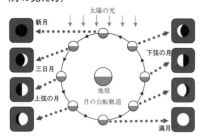

▶月は地球のまわりを公転している**衛星**である。月を同じ時刻に見ると1日ごとに少しずつ東へ移動する。また，月が同じ位置に見える時刻は1日につき約50分遅くなる。

▶太陽，月（新月），地球の順に一直線に並び，太陽が月によって隠される現象を**日食**という。また，太陽，地球，月（満月）の順に一直線に並び，月が地球の影に入る現象を**月食**という。

〈金星の見え方〉

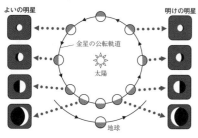

▶**内惑星**である金星は真夜中に見ることができず，明け方の東の空か，夕方の西の空に見ることができる。

▶地球と金星との距離が近いときほど見かけの大きさは大きく，欠け方も大きい。

〈その他の重要語句〉**恒星，黒点，太陽系の惑星，銀河系，黄道**

1 天体の見え方について説明した次の文の（　①　）～（　⑤　）にあてはまる語句や数字を書きなさい。

　地球は，地軸を中心に１日で１回自転している。地球の自転による天体の見かけの動きを（　①　）という。例えば，北の空の恒星は，地軸の延長線付近にある（　②　）を中心に，１時間で約（　③　）度反時計回りに回転して見える。また，地球は，太陽のまわりを１年で１回公転している。地球の公転による天体の見かけの動きを（　④　）という。例えば，ある日の午後９時に南中した恒星は，１か月後の午後９時には約30度西にずれた位置に見える。つまり，この恒星が１か月後に南中する時刻は午後（　⑤　）時ごろである。

①

②

③

④

⑤

2 図１は地球が太陽のまわりを公転しているようすと季節の代表的な星座の位置を示したものである。あとの問いに答えなさい。

(1) 日本が冬至のときの地球の位置を，**図１**の**ア～エ**から１つ選び，記号を書きなさい。

(2) **図１**で，地球が**ア**の位置にあるとき，真夜中に南中する星座は何座か，書きなさい。
　　　　　　　　　　　　　　　　　座

(3) **図２**は日本が夏至のときの地球に太陽の光があたるようすを示したものである。Ｐでの太陽の南中高度は何度か，求めなさい。ただし，地軸の傾きは公転面に垂直な方向に対して23.4度とする。
　　　　　　　　　　　　　　　　　度

図1

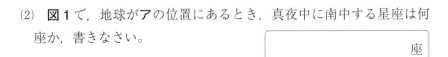

図2

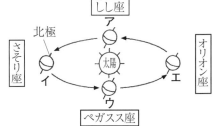

3 ある日の明け方に金星を観察した。あとの問いに答えなさい。

(1) 上下左右が同じ向きに見える天体望遠鏡で観察した金星は，**図３**のように半円形をしていた。このときの金星の位置を，**図４**の**ア～カ**から１つ選び，記号を書きなさい。ただし，**図４**は北極側から見たものである。

(2) 金星を真夜中に観察することができない理由を書きなさい。

図3

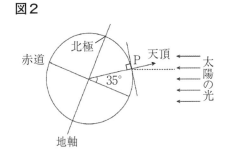

図4

金星の公転軌道

太陽

地球の公転軌道

1 火成岩について，あとの問いに答えなさい。

(1) ねばりけが強いマグマが地下深くでゆっくり冷えて固まってできた火成岩がある。この火成岩として考えられるものを，次のア〜エから1つ選び，記号を書きなさい。

ア 安山岩　　イ 斑れい岩　　ウ 花こう岩　　エ 流紋岩

(2) (1)のア〜エのすべての火成岩に含まれている無色鉱物は何か，書きなさい。

2 図1はある地震における地点A，B，Cでの地震計の記録を示したものである。また，表は各地点の震源からの距離，初期微動と主要動が始まった時刻をまとめたものである。あとの問いに答えなさい。ただし，P波とS波はそれぞれ一定の速さで伝わるものとする。

表

地点	震源からの距離	初期微動が始まった時刻	主要動が始まった時刻
A	33.0 km	8時23分14秒	8時23分18秒
B	99.0 km	8時23分26秒	8時23分38秒
C	132.0 km	8時23分32秒	8時23分48秒

(1) この地震のP波が伝わる速さは何km/sか，求めなさい。

km/s

(2) 表をもとに，初期微動が始まった時刻と初期微動継続時間の関係を示すグラフを，図2にかきなさい。

(3) 震源からの距離が大きくなるほど初期微動継続時間が長くなる理由を，P波とS波が伝わる速さの違いに着目して書きなさい。

(4) この地震が発生した時刻は何時何分何秒か，求めなさい。

時　　　分　　　秒

図1

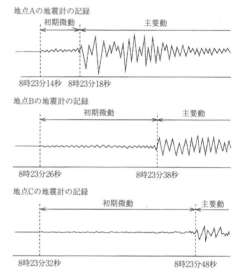

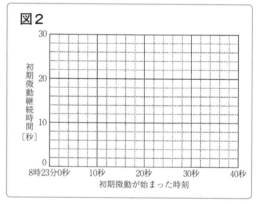

図2

(5) 日本付近の大陸プレートと海洋プレートが動くことで起こる海溝型地震について説明した次の文の（　①　）〜（　③　）にあてはまる語句を書きなさい。

　（　①　）プレートが（　②　）プレートの下に沈みこんでいくと，（　②　）プレートが引きずりこまれ，元に戻ろうとすることで地震が発生する。このため，震源は（　①　）プレートにそうように存在し，太平洋側から日本海側にいくにつれて（　③　）くなっている。

①	②	③

3 図1はあるがけの露頭をスケッチしたものである。A層は泥岩，砂 図1
岩，石灰岩から，B層は砂岩，凝灰岩，れき岩からできている。また，
cにはアンモナイトの化石が含まれていた。あとの問いに答えなさい。
ただし，この地域で地層の上下が逆になるような地殻変動はなかった
ものとする。

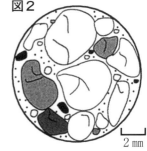

(1) アンモナイトの化石のように地層が堆積した地質年代を示す化石
を何というか，書きなさい。

(2) aに化石として含まれている可能性がある生物を，次のア〜エからすべて選び，記号を書きなさい。
    ア サンヨウチュウ　　イ フズリナ　　ウ ビカリア　　エ ナウマンゾウ

(3) Xのような地層のずれを何というか，書きなさい。また，このずれは地層にどのような力がはたらいてで
きたか，書きなさい。

ずれ	力

(4) A層に見られた石灰岩は生物の死がいがもとになった堆積岩である。これと同様に，生物の死がいがもと
になった堆積岩にチャートがある。石灰岩とチャートを見分ける方法を，結果と合わせて1つ書きなさい。

(5) 図2はB層で採集したある堆積岩のつくりをスケッチしたものである。この 図2
堆積岩は何か，書きなさい。また，そのように判断した理由を書きなさい。

堆積岩	
理由	

4 図1はある地域の等高線を示している。
図2は図1のA〜Cにおける，地表から
地下20mまでの地層のようすを示した柱
状図である。この地域の地層はどの方角
に向かって低くなるように傾いていると
考えられるか，次のア〜クから1つ選び，
記号を書きなさい。ただし，この地域の
地層は連続して広がっていて，曲がった
りずれたりしていないものとする。

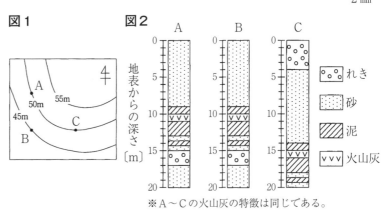

ア 北　　イ 北西　　ウ 西　　エ 南西　　オ 南　　カ 南東　　キ 東　　ク 北東

5　図は理科室にある乾湿計の乾球の示度，表1は湿度表，表2は気温と飽和水蒸気量の関係を示したものである。あとの問いに答えなさい。

図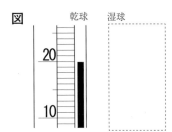

表1

乾球の示度〔℃〕	乾球と湿球の示度の差〔℃〕			
	2.0	4.0	6.0	8.0
20	81	64	48	32
18	80	62	44	28
16	79	59	41	23
14	78	56	37	21

表2

気温〔℃〕	1	2	3	4	5	6	7	8	9	10
飽和水蒸気量〔g／㎥〕	5.2	5.6	6.0	6.4	6.8	7.3	7.8	8.3	8.8	9.4
気温〔℃〕	11	12	13	14	15	16	17	18	19	20
飽和水蒸気量〔g／㎥〕	10.0	10.7	11.4	12.1	12.8	13.6	14.5	15.4	16.3	17.3

(1) 図の乾湿計がある理科室で，室温を7℃まで下げると75gの水滴が生じた。理科室の空気の露点は何℃か，求めなさい。ただし，理科室の空気の体積は150㎥とする。

℃

(2) 室温を7℃まで下げる前，図の湿球はおよそ何℃を示していたと考えられるか，整数で書きなさい。

℃

6　図1～3は日本付近の一年の中の特徴的な天気図である。あとの問いに答えなさい。

図1 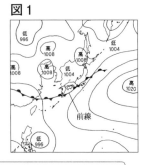　図2 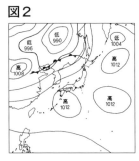　図3

(1) 図1は梅雨の時期の天気図である。図1に見られる前線の原因となる気団の名称を，2つ書きなさい。

(2) 図2は夏の天気図である。夏の季節風について説明した次の文の（　①　）～（　③　）にあてはまる語句を書きなさい。ただし，（　③　）は8方位で答えること。

　陸と海では（　①　）の方があたたまりやすいので，夏になると（　①　）上の気圧が（　②　）くなる。このため，夏の季節風の風向は（　③　）になる。

①　　　　　②　　　　　③

(3) 図3には日本に接近した台風が示されている。日本に接近した台風は，やがて進路を東寄りにかえる。この原因となる地球規模の大気の動きを何というか，書きなさい。

7 日本のある地点で1月10日の午後8時に北の空を観察したところ，カシオペヤ座が図のAの位置に見えた。あとの問いに答えなさい。

図

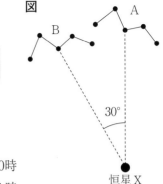

(1) 北の空でほとんど動かない恒星Xを何というか，書きなさい。

(2) カシオペヤ座がほぼBの位置に見える日時として適切なものを，次のア～クからすべて選び，記号を書きなさい。

ア　12月10日の午後6時　　イ　12月10日の午後8時　　ウ　12月10日の午後10時
エ　1月10日の午後6時　　オ　1月10日の午後10時　　カ　2月10日の午後6時
キ　2月10日の午後8時　　ク　2月10日の午後10時

理科

8 日本のある地点で太陽の1日の動きを調べる観察を行った。あとの問いに答えなさい。

図

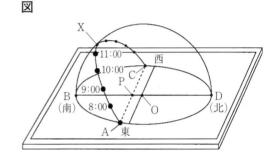

〈観察〉　図のように透明半球を日当たりのよい水平な場所に置き，ペンの先の影をOと重ねて透明半球上に印をつけ，太陽の位置を1時間ごとに記録した。次に，記録した点を結び，それを透明半球のふちまでのばし，それぞれA，Cとした。同様の観察を，1月から12月のそれぞれ20日に行った。

(1) 図のXは太陽が南中したときの印である。太陽の南中高度を表したものを，次のア～エから1つ選び，記号を書きなさい。

ア　∠AOX　　イ　∠APX　　ウ　∠BOX　　エ　∠BPX

(2) 図で，1時間ごとに記録した点の間隔は2.4cm，Aから8時までの点の間隔は2.8cmであった。この日の日の出の時刻は何時何分か，求めなさい。

時　　　　分

(3) 〈観察〉で，6月20と12月20日に行ったときの日の出の位置を示したものとして適切なものを，次のア～エから1つ選び，記号を書きなさい。

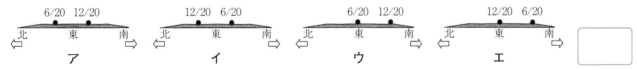

9 ある日の早朝に月を観察すると，図のように見えた。この日の2日後の同じ時刻に観察できる月の位置と形について正しく説明したものを，次のア～エから1つ選び，記号を書きなさい。

図

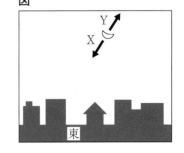

ア　Xの方向に移動し，少し欠ける。　　イ　Xの方向に移動し，少し満ちる。
ウ　Yの方向に移動し，少し欠ける。　　エ　Yの方向に移動し，少し満ちる。

基本問題 単元別 攻略表

各単元の 基本問題 を解き終えたら，下の表に❶〜❸の情報を
記入していきましょう。

❶ 日　付…問題を解いた日
❷ 正解数…何問正解したか
❸ 達成度…表の「正解数と達成度」の項目にある，❷の正解数に対応する
　　　　　　達成度（A〜C）

　❸の達成度が「A」になったら、その単元は**「攻略完了」**です。「A」になるまで
繰り返し学習しましょう。

（記入例）

理科

単元	正解数と達成度	1回目		2回目		3回目	
		日付	正解数／達成度	日付	正解数／達成度	日付	正解数／達成度
Point! 1　物理分野①	7以上…A 5以上…B 5未満…C	8/21	3／C	9/3	6／B	9/28	7／A
Point! 2　物理分野②	6以上…A 4以上…B 4未満…C	8/22	2／C	9/4	6／A	/	/

数　学

単元	正解数と達成度	1回目		2回目		3回目	
		日付	正解数／達成度	日付	正解数／達成度	日付	正解数／達成度
Point! 1　数と式	20以上…A 13以上…B 13未満…C	/	/	/	/	/	/
Point! 2　方程式	21以上…A 14以上…B 14未満…C	/	/	/	/	/	/
Point! 3　関数	15以上…A 10以上…B 10未満…C	/	/	/	/	/	/
Point! 4　角度・長さを求める問題	8以上…A 5以上…B 5未満…C	/	/	/	/	/	/
Point! 5　面積・体積を求める問題	7以上…A 5以上…B 5未満…C	/	/	/	/	/	/
Point! 6　証明問題	8以上…A 5以上…B 5未満…C	/	/	/	/	/	/
Point! 7　確率	7以上…A 5以上…B 5未満…C	/	/	/	/	/	/
Point! 8　データの活用	13以上…A 8以上…B 8未満…C	/	/	/	/	/	/
Point! 9　数の規則性と文字式	11以上…A 7以上…B 7未満…C	/	/	/	/	/	/

理　科

単　　元	正解数と達成度	1回目		2回目		3回目	
		日付	正解数／達成度	日付	正解数／達成度	日付	正解数／達成度
Point! 1　物理分野①	7以上…**A** 5以上…**B** 5未満…**C**	/	/	/	/	/	/
Point! 2　物理分野②	6以上…**A** 4以上…**B** 4未満…**C**	/	/	/	/	/	/
Point! 3　物理分野③	6以上…**A** 4以上…**B** 4未満…**C**	/	/	/	/	/	/
Point! 4　物理分野④	9以上…**A** 7以上…**B** 7未満…**C**	/	/	/	/	/	/
Point! 5　物理分野⑤	10以上…**A** 8以上…**B** 8未満…**C**	/	/	/	/	/	/
Point! 6　化学分野①	11以上…**A** 8以上…**B** 8未満…**C**	/	/	/	/	/	/
Point! 7　化学分野②	9以上…**A** 7以上…**B** 7未満…**C**	/	/	/	/	/	/
Point! 8　化学分野③	9以上…**A** 7以上…**B** 7未満…**C**	/	/	/	/	/	/
Point! 9　化学分野④	10以上…**A** 8以上…**B** 8未満…**C**	/	/	/	/	/	/
Point! 10　化学分野⑤	6以上…**A** 4以上…**B** 4未満…**C**	/	/	/	/	/	/
Point! 11　生物分野①	7以上…**A** 5以上…**B** 5未満…**C**	/	/	/	/	/	/
Point! 12　生物分野②	7以上…**A** 5以上…**B** 5未満…**C**	/	/	/	/	/	/
Point! 13　生物分野③	13以上…**A** 10以上…**B** 10未満…**C**	/	/	/	/	/	/
Point! 14　生物分野④	10以上…**A** 8以上…**B** 8未満…**C**	/	/	/	/	/	/
Point! 15　生物分野⑤	6以上…**A** 4以上…**B** 4未満…**C**	/	/	/	/	/	/
Point! 16　地学分野①	7以上…**A** 5以上…**B** 5未満…**C**	/	/	/	/	/	/
Point! 17　地学分野②	8以上…**A** 6以上…**B** 6未満…**C**	/	/	/	/	/	/
Point! 18　地学分野③	8以上…**A** 6以上…**B** 6未満…**C**	/	/	/	/	/	/
Point! 19　地学分野④	9以上…**A** 7以上…**B** 7未満…**C**	/	/	/	/	/	/

攻略表

解答例・解説の冊子は,
本体から取り外してお使いください。

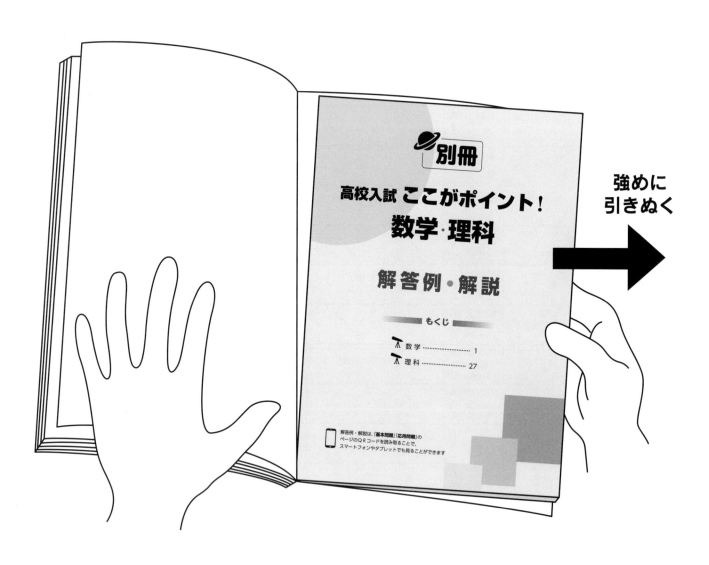

2025年
まとめのテスト
数学／理科

※針をはずしてお使い下さい。

1 (1) 9 (2) $\dfrac{-4x+5y}{12}$ (3) $\dfrac{2x^2}{15y}$

(4) $-16x-16$ (5) $-\dfrac{\sqrt{3}}{3}$

2 (1) $-2\pm\sqrt{5}$ (2) $\dfrac{2\sqrt{7}}{7}$ (3) $(x-3)^2$

(4) $x=4$ $y=-2$ (5) ウ, エ

(2) $2<\sqrt{7}<3$ だから，$a=2$，$b=\sqrt{7}-2$

(5) アの最小値には影響せず変わらない。15人から16人に増えるので，第1四分位数は小さい方から4番目の値から，4番目と5番目の値の平均に変わり，イは増加する。第2四分位数は小さい方から8番目の値から，8番目と9番目の平均，第3四分位数は大きい方から4番目の値から，4番目と5番目の値の平均になる。15人のデータでは168.0cmが小さい方から8番目だが16人のデータでは9番目になる。大きい方から1〜7番目までは変わらないのでウ，エは減少する。

3 (1) $\dfrac{1}{3}$ (2) (ア), $\dfrac{2}{3}$

(1) Aが景品をもらえるのは，樹形図1で〇印がついた場合である。よって，確率は，$\dfrac{3}{9}=\dfrac{1}{3}$ である。

樹形図1
```
A B      A B      A B
1 1      2 1 〇    3 1 〇
  2        2        2 〇
  3        3
```

(2) ルール(ア) にしたがったとき，Aが景品をもらえない確率は(1)より，$1-\dfrac{1}{3}=\dfrac{2}{3}$ である。ルール(イ)にしたがったとき，Aが景品をもらえないのは樹形図2で〇印がついた場合だから，景品をもらえない確率は，$\dfrac{3}{6}=\dfrac{1}{2}$ である。

樹形図2
```
A B      A B      A B
1 2 〇    2 1      3 1
  3 〇      3 〇      2
```

4 (1) 66 (2) $\dfrac{5}{2}$

(1) 平行線の錯角は等しいので，
AO∥BCより∠OBC＝∠AOB＝48°
OB＝OCより∠OCB＝∠OBC＝48°
∠BOC＝180°−48°×2＝84° 円周角は中心角の$\dfrac{1}{2}$
倍だから，∠x＝(48°＋84°)×$\dfrac{1}{2}$＝66°

(2) ∠GFH＝∠ECH＝60° 対頂角は等しいので，∠GHF＝∠EHC よって，△GFH∽△ECHで相似比は，FH：CH＝4：8＝1：2 折り返したときに重なるから，AE＝FE＝4＋7＝11(cm)なので，CE＝16−11＝5(cm) よって，FG＝$\dfrac{1}{2}$CE＝$\dfrac{5}{2}$(cm)

5 (1) 25 (2) 84 (3) 18

(1) 縦5枚，横5枚に並ぶから，$5^2=25$(枚)

(2) 3番目の図形では，3枚ずつつながったタイルBが縦，横それぞれに4ずつ並ぶ。6番目の図形では，6枚ずつつながったタイルBが6+1＝7ずつ並ぶから，6×7×2＝84(枚)

(3) AとBの枚数の差が360枚でBの方が多いから，$2n(n+1)-n^2=360$ $n=-20$, 18
$n>0$より，$n=18$

6 (1) $y=-\dfrac{1}{2}x+6$ (2) $\dfrac{1}{6}$

(1) Aのy座標は $y=\dfrac{1}{4}\times(-6)^2-9$ なので，A(-6, 9)
Bのy座標は $y=\dfrac{1}{4}\times4^2=4$ なので，B(4, 4)
この2点から直線ABの式を求めると，$y=-\dfrac{1}{2}x+6$

(2) A(-6, $36a$)，B(4, $16a$)と表せる。この2点から直線ABの式を求めると，$y=-2ax+24a$ となる。直線ABとy軸の交点をCとすると，切片は$24a$だから，C(0, $24a$) △AOB＝△AOC＋△BOCで，△AOCの底辺をOC＝$24a$としたときの高さは，AとOのx座標の差に等しく6だから，
△AOC＝$\dfrac{1}{2}\times24a\times6=72a$ △BOCについても
同様にして，△BOC＝$\dfrac{1}{2}\times24a\times4=48a$
△AOB＝$72a+48a=120a$で，この値が20だから，
$120a=20$ $a=\dfrac{1}{6}$

7 (1) $\dfrac{128\sqrt{2}}{3}\pi$ (2) $6\sqrt{7}$

(1) 底面の半径は $8\div2=4$(cm) 中心をOとすると，三平方の定理より，AO＝$\sqrt{AB^2-BO^2}=\sqrt{12^2-4^2}=$
$8\sqrt{2}$(cm) よって，$\dfrac{1}{3}\times4^2\pi\times8\sqrt{2}=\dfrac{128\sqrt{2}}{3}\pi$(cm³)

(2) 立体の表面に長さが最短になるようにかけられたひもは展開図上で線分になる。図iのB′M(B′は組み立てたときBと重なる点)の長さを求める。∠BAB′＝$x°$とすると，側面のおうぎ形の弧の長さは底面の円の周の長さと等しいから，$2\pi\times12\times\dfrac{x°}{360°}=8\pi$ $x=120$

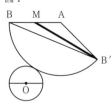

図iの
△ABS，
△AB′Sは
ともに3辺
の比が $1:2:\sqrt{3}$ の直角三角形だから，
AS＝$\dfrac{1}{2}$AB＝6(cm)，B′S＝$\sqrt{3}$AS＝$6\sqrt{3}$(cm)
中点連結定理より，MT＝$\dfrac{1}{2}$AS＝3(cm)
ST＝$\dfrac{1}{2}$BS＝$3\sqrt{3}$(cm) 三平方の定理より，
MB′＝$\sqrt{MT^2+B'T^2}=\sqrt{3^2+(9\sqrt{3})^2}=6\sqrt{7}$(cm)

(4) 連立方程式 $\begin{cases} 2x + 5y = -2 \\ 1.5x - y = 8 \end{cases}$ を解きなさい。

(5) 下図は，ある中学3年のクラスの男子15人の身長を測り，その結果をデータとしてまとめ，箱ひげ図に表したものである。同じ身長の生徒はいなかった。後日，1人の男子がこのクラスに転入し，身長を測定したところ，167.0cmだった。この生徒を含む，16人のデータをまとめたときに，15人のときと比較して減少する値を次のア〜エからすべて選び，記号を書きなさい。

ア 最小値　　　**イ** 第1四分位数　　　**ウ** 第2四分位数　　　**エ** 第3四分位数

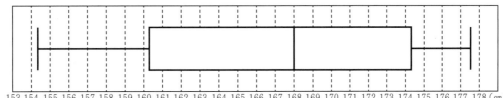

153 154 155 156 157 158 159 160 161 162 163 164 165 166 167 168 169 170 171 172 173 174 175 176 177 178（cm）

3 右図のように，袋の中に1，2，3の数字が1つずつ書かれた3個の玉が入っている。A，Bの2人がこの袋の中から，〈取り出し方のルール〉の(ア)，(イ)のいずれかにしたがって，1個ずつ玉を取り出し，書かれた数が大きいほうの玉を取り出した人が景品をもらえるゲームを行う。書かれた数が等しい場合には2人とも景品はもらえない。このとき，次の問いに答えなさい。ただし，どの玉を取り出すことも同様に確からしいものとする。

〈取り出し方のルール〉

（ア）　はじめにAが玉を取り出す。次に，その取り出した玉を袋の中に戻し，よくかき混ぜてからBが玉を取り出す。 （イ）　はじめにAが玉を取り出す。次に，その取り出した玉を袋の中に戻さず，続けてBが玉を取り出す。

(1) ルール(ア)にしたがったとき，Aが景品をもらえる確率を求めなさい。

(2) Aが景品をもらえない確率が大きいのは，ルール(ア)，(イ)のどちらのルールにしたがったときか，記号で答え，その確率も求めなさい。

4 次の問いに答えなさい。

(1) **図1**のように，円Oの周上に4点A，B，C，Dがある。
AO∥BC，∠AOB＝48°のとき，∠xの大きさを求めなさい。

図1

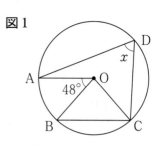

(2) **図2**のように，正三角形ABCを線分DEを折り目として折り返したとき，頂点Aが移った点をF，辺BCと線分DF，線分EFとの交点をそれぞれG，Hとする。
正三角形ABCの1辺の長さを16cm，CH＝8cm，EH＝7cm，HF＝4cmとするとき，線分FGの長さを求めなさい。

図2

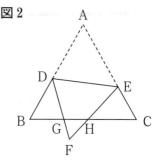

5 図1のような，タイルAとタイルBをたくさん用意した。図2のように，このタイルを一定の規則にしたがって，1番目，2番目，3番目，…と並べて図形を作っていく。このとき，次の問いに答えなさい。

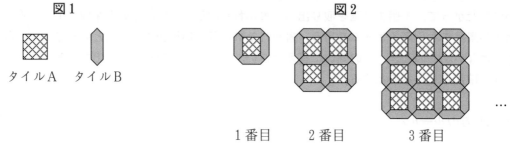

図1

タイルA　タイルB

図2

1番目　　2番目　　　3番目

(1) 5番目の図形のタイルAの枚数を求めなさい。

(2) 6番目の図形のタイルBの枚数を求めなさい。

(3) n番目の図形のタイルAの枚数とタイルBの枚数の差が360枚であるとき，nの値を求めなさい。

2 次の(1), (2)の問いに答えなさい。

(1) 物質に関して調べるため、次の実験を行った。

【実験】

水とエタノールの混合物から、エタノールをとり出すために、次の[1]と[2]の操作を行った。

[1] 図1のように、水20cm³とエタノール5cm³の混合物を枝つきフラスコに入れ、弱火で加熱し、出てきた気体を冷やしてできた液体を、試験管A、試験管B、試験管Cの順に3cm³ずつ集めた。

[2] 試験管A、B、Cに集めた液体をそれぞれ蒸発皿に入れ、マッチの火を近づけたところ、Aはよく燃え、Bは少し燃え、Cは燃えなかった。

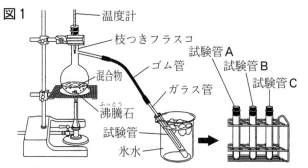

① 試験管に集めた液体を比べたとき、水の割合が高い順に、A、B、Cの記号を並べ、その記号を書きなさい。

② 水とエタノールの混合物を加熱したときの温度変化を示したグラフとして最も適切なものを、次のア～エから1つ選び、記号を書きなさい。

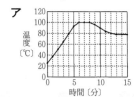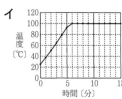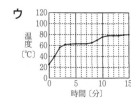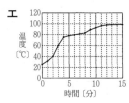

(2) イオンの性質を調べるため、次の実験を行った。

【実験】

[1] 試験管DとEを用意し、試験管Dには5％硫酸亜鉛水溶液を、試験管Eには5％硫酸マグネシウム水溶液をそれぞれ5.0mLずつ入れた。

[2] 図2のように、試験管Dにはマグネシウム片を、試験管Eには亜鉛片を1つずつ入れ、観察した。

【結果】

試験管Dではマグネシウム片に色のついた物質が付着したが、試験管Eでは変化が見られなかった。

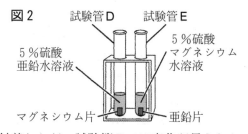

① 5％硫酸亜鉛水溶液の密度を1.04g/cm³とすると、5％硫酸亜鉛水溶液5.0mL中の水の質量は何gか、求めなさい。

② 図3は、試験管D中で起こった、マグネシウム片に色のついた物質が付着する反応における電子の移動を表した模式図である。図3の点線で示された矢印のうち、マグネシウム片に色のついた物質が付着する反応における電子の移動を表すために必要なものを2つ選び、実線でなぞって図を完成させなさい。

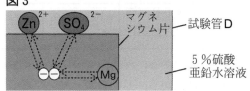

3 次の(1), (2)の問いに答えなさい。

(1) 植物の根の成長を調べるために，次の観察を行った。

【観察】　　　　　　　　　　　　　　　　　　　　　　　　**図1**
□1　発根させたタマネギの根のうちの1本に，**図1**のように，先端
　　から等間隔で5つの印をつけた。
□2　□1で根に印をつけたタマネギを，ビーカーに入れた水につけて，
　　3日間成長させた。その後，印の間隔がどのように変化したかを観察した。
□3　タマネギの根の先端部分を切り取ってプレパラートをつくり，顕微鏡で観察した。

① □2について，3日後の根の印の間隔は，どのようになっているか。最も適切なものを，次の**ア**〜
エから1つ選び，その記号を書きなさい。

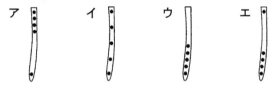

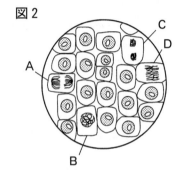

② □3について，**図2**は，できたプレパラートを顕微鏡で観察して，
スケッチしたものである。**図2**中のA〜Dは，細胞分裂の過程に
おけるいろいろな段階の細胞である。A〜Dの細胞を，最初をB
として分裂の進む順に並べ，その記号を書きなさい。

(2) 光合成や呼吸について調べるために，次の実験を行った。

【実験】
□1　緑色のピーマンと赤色のピーマンの果実を用意し，
　　それぞれ同じ大きさに切った。
□2　青色のBTB溶液にストローで息を吹き込んで，
　　緑色にしたものを試験管EからJに入れた。
□3　**図3**のように，試験管EとFには緑色のピーマン
　　を，試験管GとHには赤色のピーマンを，BTB溶
　　液につかないように入れ，ゴム栓をした。なお，試
　　験管IとJにはピーマンは入れなかった。
□4　試験管E，G，Iには十分に光を当て，試験管F，
　　H，Jには光が当たらないようにアルミニウムはく
　　のおおいをかぶせた。3時間後，BTB溶液の色の
　　変化を観察した。
□5　結果を**表**にまとめた。

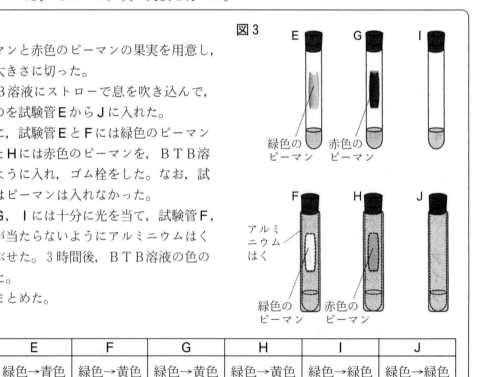

表
試験管	E	F	G	H	I	J
BTB溶液の色の変化	緑色→青色	緑色→黄色	緑色→黄色	緑色→黄色	緑色→緑色	緑色→緑色

① 結果から，緑色のピーマンは光合成をしていると予想できるが，それはなぜか，説明しなさい。
② 結果から，赤色のピーマンがどのような場合に呼吸を行っているとわかるか，書きなさい。

2025年 まとめのテスト 数学／解答用紙

氏名

得点　　／100

1

(1) 3点	(2) 3点	(3) 3点	(4) 3点
(5) 3点			

2

(1) $x =$ 3点	(2) 3点	(3) 3点	(4) $x =$, $y =$ 3点
(5) 完答3点			

3

(1) 6点	(2) ルール　　　　　　確率 完答8点

2025年 まとめのテスト 理科／解答用紙

氏名

得点 ／100

1

(1)	①	6点 　　　倍
	②	6点
(2)	②	6点 　　　倍

(2) ①

7点

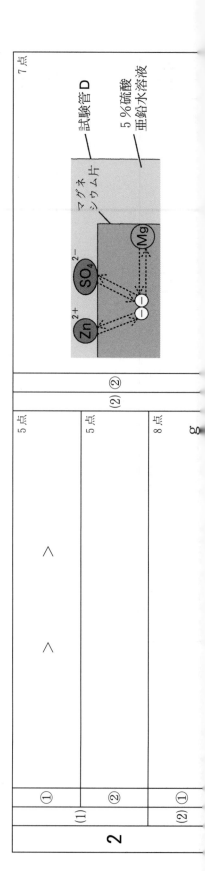

電流計が示す値〔mA〕 60 50 40 30 20 10 0

電圧計が示す値〔V〕 0　1.0　2.0　3.0

2

(1)	①	5点 　　　＞　　　＞
	②	5点
(2)	①	8点 　　　g

(2) ②

7点

試験管D
マグネシウム片
5％硫酸亜鉛水溶液

Zn^{2+}　SO_4^{2-}　Mg　$-$　$-$

3				
(1)	①	5点	②	5点 ↑ ↑ ↑
(2)	①	8点		
	②	7点		

4		記号	説明	
(1)	①		6点	完答7点
	②		6点	
(2)	①		②	6点 ↑

4

(1)		(2)	
	。 5点		cm 7点

5

(1)		(2)		(3)	
	枚 5点		枚 5点	$n =$	7点

6

(1)		(2) $a =$	
	5点		8点

7

(1)		(2)	
	cm^3 5点		cm 9点

4 次の(1), (2)の問いに答えなさい。

(1) 海陸風について調べるために，次の実験を行った。

【実験】 ①～③の手順で，海岸地域の風の向きを再現した。
① 図1のような装置を作り，同じ体積の水と砂をそれぞれ容器Xと容器Yに入れ，これらを水そう内に置き，室温でしばらく放置した。

② 装置全体に日光を当て，3分ごとに18分間，水と砂の表面温度を測定し，結果を表にまとめた。

表

時間〔分〕	0	3	6	9	12	15	18
水の表面温度〔℃〕	29.0	31.0	32.8	34.5	36.3	38.2	39.9
砂の表面温度〔℃〕	29.0	33.0	37.0	41.0	44.0	47.8	50.5

③ 測定終了後，アクリル板を開けて線香に火をつけてすぐに閉め，水そう内の煙の動きを観察すると，水そう内の煙は図2のように動いていた。

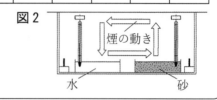

① 結果から，水と砂のあたたまり方についてわかることとして適当なものを，次の**ア～エ**から1つ選び，その記号を書きなさい。

ア 砂の方が水よりもあたたまりやすい。　　**イ** 水の方が砂よりもあたたまりやすい。
ウ 水と砂であたたまりやすさに差がない。　　**エ** どちらがあたたまりやすいか判断できない。

② 結果から，よく晴れた日の昼における海岸地域の地表付近の風の向きとして適切なものを，右の**ア，イ**のどちらかから1つ選び，その記号を書きなさい。また，そのような風の向きになるしくみを，**気温，上昇気流**という語を使って説明しなさい。

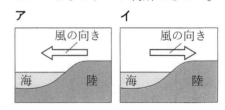

(2) 天体の動きについて調べるために，次の実験を行った。

【実験】 ①～②の手順で，星座や太陽の動きについて調べた。
① 図3のように，太陽に見立てた電球のまわりに，黄道付近にあるおうし座，しし座，さそり座，みずがめ座を示すカードを置いた。
② さらに，地球に見立てた地球儀をA～Dの位置に1つずつ置き，日本で見える星座や太陽の動きについて調べた。

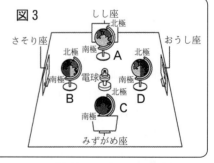

① A～Dの各位置において，日本で見える星座の時間帯と方角について説明した文として適切なものはどれか。次の**ア～エ**からすべて選び，記号を書きなさい。

ア Aでは，しし座は明け方，西に見える。　　**イ** Bでは，みずがめ座は夕方，東に見える。
ウ Cでは，さそり座は夕方，南に見える。　　**エ** Dでは，おうし座は明け方，北に見える。

② 昼間でも星が見えるとしたとき，太陽の動きを1年間にわたって観測すると，太陽は黄道付近の星座の間を動いているように見える。地球がBからCへ動いたとき，日本から見て太陽はどの星座からどの星座の間を動いているように見えるか。**図3**の中の星座を使って書きなさい。

1　次の(1)，(2)の問いに答えなさい。

(1)　滑車について調べるため，次の実験を行った。

【実験】
　図1のように，ひもの一端と定滑車を天井に固定し，動滑車を用いて荷物を持ち上げる装置AとBをつくり，ひもを引いて同じ質量の荷物を床から1mの高さに持ち上げて静止させた。なお，荷物にはたらく重力の大きさをW，装置AとBでひもを引く力の大きさをそれぞれF_1，F_2とし，滑車やひもの摩擦，質量，のび縮みは考えないものとする。

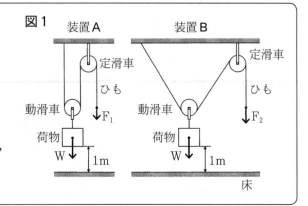

①　装置Aで，ひもを引く力の大きさF_1は，荷物にはたらく重力の何倍か，書きなさい。

②　装置Aと装置Bで，荷物を同じ高さまで持ち上げるとき，装置Bでひもを引く距離は，装置Aでひもを引く距離に比べてどうなるか，最も適切なものを**ア**〜**ウ**から1つ選び，記号を書きなさい。
ア　短くなる。　　　　**イ**　変わらない。　　　　**ウ**　長くなる。

(2)　電熱線を用いた回路について調べるため，次の実験を行った。

【実験】
①　電源装置，電流計及び電圧計を用いて**図2**のような回路をつくり，**X**の位置に電熱線**C**をつないでスイッチを入れ，電圧の大きさをさまざまな値に変えて，電流計と電圧計の示す値をそれぞれ記録した。
②　**X**の位置に電熱線**C**よりも抵抗が大きい電熱線**D**をつないで①と同様の操作を行った。
③　**X**の位置に電熱線**C**と電熱線**D**を並列につないでスイッチを入れ，電圧計の示す値が3.0Vになるように電源装置を調節し，電流計の示す値を記録した。
④　**X**の位置に電熱線**C**と電熱線**D**を直列につないでスイッチを入れ，電圧計の示す値が3.0Vになるように電源装置を調節し，電流計の示す値を記録した。
　図3は，①と②で得られた結果をもとに，電熱線**C**と電熱線**D**のそれぞれについて，電圧計が示す値と電流計が示す値の関係をグラフに表したものである。

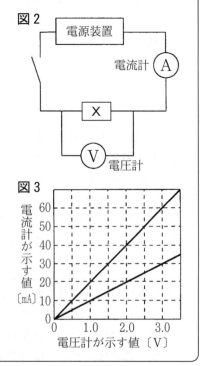

①　④の回路を使用して，①と同様の操作を行った場合に，電流計と電圧計の示す値の関係を表すグラフを，解答用紙の図にかき入れなさい。

②　③で電流計が示す値は，④で電流計が示す値の何倍か，求めなさい。

6 右図のように，関数 $y = ax^2 (a > 0)$ のグラフがあり，点A，B はこのグラフ上にある。点A，Bの x 座標はそれぞれ -6 ，4である。このとき，次の問いに答えなさい。

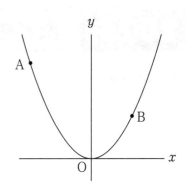

(1) $a = \dfrac{1}{4}$ のとき，直線ABの式を求めなさい。

(2) △AOBの面積が20のとき， a の値を求めなさい。

7 右図のように，点Aを頂点，線分BCを直径とする円を底面とした円すいがあり，母線ABの中点をMとする。AB＝12㎝，BC＝8㎝のとき，次の問いに答えなさい。ただし，円周率は π とする。

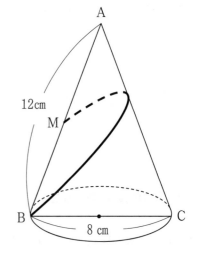

(1) 円すいの体積を求めなさい。

(2) 円すいの側面に，点Mから点Bまで，母線ACを通って，ひもをゆるまないようにかける。かけたひもの長さが最も短くなるときのひもの長さを求めなさい。

1 次の計算をしなさい。

(1) $2 \times (4-7)^2 - 12 \times 3 \div 4$

(2) $\dfrac{5x-y}{3} - \dfrac{8x-3y}{4}$

(3) $\dfrac{2}{x} \times \dfrac{3xy}{5} \div \left(\dfrac{3y}{x}\right)^2$

(4) $(x-3)^2 - (x+5)^2$

(5) $\sqrt{48} + \dfrac{5}{\sqrt{3}} - \sqrt{108}$

2 次の問いに答えなさい。

(1) 2次方程式 $x^2 + 4x - 1 = 0$ を解きなさい。

(2) $\sqrt{7}$ の整数部分を a，小数部分を b とするとき，$\dfrac{a}{b+2}$ の値を求めなさい。

(3) $2(x+1)(x-4) - (x+4)(x-4) + 1$ を因数分解しなさい。

1 (1)①0.5　②ア
(2)①右図　②4.5

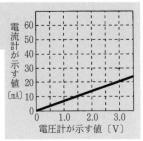

電流計が示す値〔mA〕
電圧計が示す値〔V〕

(1)① 装置Aの動滑車は
2本のひもでおもり
を支えているので1
本あたりに必要な力
は半分になる。

② 装置Aより装置Bの方が，
ひも1本あたりに必要となる
力が大きい（右図）。したがっ
て，仕事の原理より，ひもを
引く距離は短くてすむ。

A　B
動力の半分　動力の半分より大
重力　重力

(2)① 電熱線Dの方が電熱線Cよりも抵抗値が大きい
ので，図3のグラフより，電熱線Cは$\frac{3.0(V)}{0.06(A)}=$
$50(\Omega)$，電熱線Dは$\frac{3.0(V)}{0.03(A)}=100(\Omega)$とわかる。
直列なので150Ωとなり，$\frac{3.0(V)}{150(\Omega)}=0.02(A)$より，
電圧3.0Vで20mAとなるグラフをかけばよい。

② ③の合成抵抗は$\frac{100\times50(V)}{100+50(A)}=\frac{100}{3}(\Omega)$，④の合
成抵抗は$150(\Omega)$なので，$150\div\frac{100}{3}=4.5$（倍）。

2 (1)①C＞B＞A　②エ
(2)①4.94　②下図

Zn²⁺　SO₄²⁻　マグネシウム片　試験管D
5％硫酸亜鉛水溶液
Mg

(1)① エタノールを多く含む液体ほど，マッチの火を
近づけたときによく燃える。よって，水の割合が
最も高い液体はC，エタノールの割合が最も高い
液体はAである。

② 水の沸点は100℃，エタノールの沸点は約78℃
である。水とエタノールの混合物を加熱すると，
エタノールの沸点で温度変化がゆるやかになる
が，水の温度は上がり続けるので温度が一定には
ならない。水の沸点の100℃で温度が一定になる。
よって，エが正答となる。

(2)① 5mL→5㎤より，5％の硫酸亜鉛水溶液5mLの質量
は1.04×5＝5.20（g）である。よって，水の質量は
5.20×（1－0.05）＝4.94（g）となる。

② 硫酸亜鉛水溶液中には亜鉛イオン〔Zn²⁺〕と硫
酸イオン〔SO₄²⁻〕が存在している。ここにマグネ
シウム片を入れると，マグネシウムが電子を失っ
てマグネシウムイオン〔Mg²⁺〕になって溶け出し，
その電子を受け取った亜鉛イオンが亜鉛となって
付着する。

3 (1)①ア　②B→D→A→C
(2)①緑色のピーマンに光をあてたとき，ＢＴＢ溶
液の色が緑色から青色に変化したので，二酸化炭
素が吸収される光合成が盛んに行われたと考えら
れるため。　②光が当たっていても当たっていな
くても行っている。

(1)① タマネギの根は，先端付近で細胞分裂が盛んに
行われて，増えた細胞が大きくなることで成長す
るので，一番下と下から2番目の印の間隔だけが
広くなっているアが正答である。

② 核の中に染色体が現れ（B），染色体が中央に集
まり（D），染色体が両端に分かれ（A），2つの核
になり（C），2つの核の間に細胞壁ができる。

(2)① 二酸化炭素は水に溶けると酸性を示すので，
青色（アルカリ性）のＢＴＢ溶液に息を吹き込んで
緑色（中性）にしている。したがって，そこから二
酸化炭素が減ると緑色から青色に戻る。光合成は
葉緑体で行われ，光のエネルギーを使って，二酸
化炭素と水を材料にデンプンと酸素を作り出す。

② G，HではＢＴＢ溶液が黄色（酸性）に変化し，
I，Jでは変化しなかったので，光の有無に関係
なく，ピーマンが呼吸を行って二酸化炭素を放出
したと考えられる。

4 (1)①ア　②記号…イ　説明…よく晴れた日の昼
は，陸の気温が上がって上昇気流が発生するから。
(2)①ア，ウ　②おうし座→しし座

(1)① 結果の表より，時間が経過するにつれて，砂の
方が水よりも表面温度が高くなっているので，砂
の方が水よりもあたたまりやすいことがわかる。

② 図2より，水や砂に近い部分では，あたたまり
にくい水からあたたまりやすい砂に向かって空気
が移動することがわかる。陸上の気温が海上の気
温より高くなると，陸上で上昇気流が生じるた
め，よく晴れた日の昼の地表付近では，風は海か
ら陸へ向かってふく。このような風を海風という。
なお，夜間に陸から海へ向かってふく風を陸風と
いう。

(2)① イ×…Bの位置では，みずがめ座は夕方には見
えない。　エ×…Dの位置では，おうし座は明け
方，西の方角に見える。

② 地球がBからCへ動くとき，地球（日本）から見
る太陽はおうし座からしし座の間を動く。

別冊

高校入試 ここがポイント！
数学・理科

解答例・解説

― もくじ ―

数学 1

理科 27

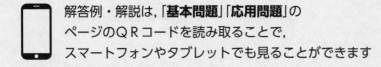

解答例・解説は，「基本問題」「応用問題」の
ページのQRコードを読み取ることで，
スマートフォンやタブレットでも見ることができます

数　学

Point! 1 数と式

基本問題 P.3〜4

解答例

1 (1) 9　　(2) $-x+10y$　　(3) $\dfrac{7x+5y}{12}$

　　(4) $10\sqrt{3}$

2 (1)① ± 8　② ± 0.1

　　(2)① $5<\sqrt{26}<3\sqrt{3}$　② $-\sqrt{10}<-3<-2\sqrt{2}$

　　(3) $\dfrac{\sqrt{5}}{3}$，$\sqrt{3}-1$，π

　　(4) -2，-1，0，1，2　　(5) 3

3 (1) $y=1000-8x$　　(2) $a>8b$

4 (1) $2^2\times 5^2$　　(2) 2×3^4　　(3) $2^5\times 3^2$

5 14

6 15

7 (1) $x(x-5y)$　　(2) $(x+8)(x-5)$

　　(3) $(x+3)(x-3)$　　(4) $(x-4)^2$

解説

1 (1) 与式 $=6\div(-2)-3\times(-4)=-3+12=\boldsymbol{9}$

(2) 与式 $=3x+6y-4x+4y=\boldsymbol{-x+10y}$

(3) 与式 $=\dfrac{3(3x+y)-2(x-y)}{12}=$
$\dfrac{9x+3y-2x+2y}{12}=\dfrac{\boldsymbol{7x+5y}}{\boldsymbol{12}}$

(4) 与式 $=4\sqrt{3}+\sqrt{6^2\times 3}=4\sqrt{3}+6\sqrt{3}=\boldsymbol{10\sqrt{3}}$

2 (1) 正の数の平方根は正と負の2数があることに注意
して考えると，
① 64の平方根は $\pm\sqrt{64}=\pm\sqrt{8^2}=\boldsymbol{\pm 8}$
② 0.01の平方根は $\pm\sqrt{0.01}=\pm\sqrt{0.1^2}=\boldsymbol{\pm 0.1}$

(2)① $5=\sqrt{5^2}=\sqrt{25}$，$3\sqrt{3}=\sqrt{3^2\times 3}=\sqrt{27}$より，
$\sqrt{25}<\sqrt{26}<\sqrt{27}$だから，$\boldsymbol{5<\sqrt{26}<3\sqrt{3}}$
② $-3=-\sqrt{3^2}=-\sqrt{9}$，
$-2\sqrt{2}=-\sqrt{2^2\times 2}=-\sqrt{8}$より，
$-\sqrt{10}<-\sqrt{9}<-\sqrt{8}$だから，
$\boldsymbol{-\sqrt{10}<-3<-2\sqrt{2}}$

(3) 分母と分子が整数である分数で表すことができな
い数を無理数という。

(4) $\sqrt{4}<\sqrt{5}$より，$2<\sqrt{5}$だから，$-\sqrt{5}$より大き
く$\sqrt{5}$より小さい整数を考えると，$\boldsymbol{-2，-1，0，}$
$\boldsymbol{1，2}$

(5) $x^2-4x=x(x-4)$に$x=\sqrt{7}+2$を代入すると，
$(\sqrt{7}+2)(\sqrt{7}+2-4)=(\sqrt{7}+2)(\sqrt{7}-2)=$
$(\sqrt{7})^2-2^2=7-4=\boldsymbol{3}$

3 (1) 1個x円の品物8個の代金は，$8x$円
よって，1000円出したときのおつりは，
$\boldsymbol{(1000-8x)}$円である。

(2) 8分後までに入った水の量は，$8b$L
この量では満水にならないから，$\boldsymbol{a>8b}$

4 (1)
```
2) 100
2)  50
5)  25
    5
```
(2)
```
2) 162
3)  81
3)  27
3)   9
     3
```
(3)
```
2) 288
2) 144
2)  72
2)  36
2)  18
3)   9
     3
```

5 $504=2^3\times 3^2\times 7$より，すべての累乗の指数を偶
数にするために，nを自然数として，$2\times 7\times n^2$をか
ければある整数の2乗となる。よって，最小の数は
$n=1$のときの$2\times 7\times 1^2=\boldsymbol{14}$である。

6 $\sqrt{60a}=2\sqrt{15a}$だから，$\sqrt{60a}$が自然数となるとき
のaの値はnを自然数として$a=15n^2$と表せる。
よって，最も小さいaの値は$n=1$のときの
$a=15\times 1^2=\boldsymbol{15}$である。

7 (2) 与式 $=x^2+(8-5)x+8\times(-5)=$
$\boldsymbol{(x+8)(x-5)}$

(3) 与式 $=x^2-3^2=\boldsymbol{(x+3)(x-3)}$

(4) 与式 $=x^2-2\times 4\times x+4^2=\boldsymbol{(x-4)^2}$

解答例

1　(1) 12　　(2) $\dfrac{3}{4}x-4y$　　(3) $6\sqrt{6}$

　　(4) $-2+6\sqrt{3}$

2　(1) $\dfrac{y}{4}+\dfrac{x-y}{6}\leqq 4$

　　(2) 男子…$1.07x$　女子…$0.97y$　　(3) $170-15a$

3　(1) -2, 2　　(2) 3, 4, 5　　(3) $-2\sqrt{2}$

4　(1) $(x+8)(x-2)$　　(2) $(x-5)(x+4)$

　　(3) $3(x-5)^2$　　(4) $(x+y+1)(x-y-1)$

5　(1) 22　　(2) 11, 24, 39　　(3) 4　　(4) 83

解説

1 (1)　与式 $=3^2-(-12)\div 4=9+3=\mathbf{12}$

(2)　与式 $=\dfrac{3}{2}x-6y-\dfrac{3}{4}x+2y=$
$\dfrac{6}{4}x-\dfrac{3}{4}x-6y+2y=\dfrac{3}{4}\boldsymbol{x-4y}$

(3)　与式 $=2\sqrt{6}+\dfrac{30\times\sqrt{6}}{\sqrt{6}\times\sqrt{6}}-\sqrt{6}=$
$2\sqrt{6}+5\sqrt{6}-\sqrt{6}=\mathbf{6\sqrt{6}}$

(4)　与式 $=(\sqrt{3})^2+(5-1)\sqrt{3}+5\times(-1)+2\sqrt{3}=$
$3+4\sqrt{3}-5+2\sqrt{3}=\boldsymbol{-2+6\sqrt{3}}$

2 (1)　A町から峠までの y km を時速 4 km の速さで歩くときにかかる時間は，$\dfrac{y}{4}$ 時間

　　峠からB町までの $(x-y)$ km を時速 6 km の速さで歩くときにかかる時間は，$\dfrac{x-y}{6}$ 時間

(2)　今年の男子の入学者数は昨年の $1+0.07=$
1.07（倍）になったから，$x\times 1.07=\mathbf{1.07}\boldsymbol{x}$（人）
今年の女子の入学者数は昨年の $1-0.03=0.97$（倍）になったから，$y\times 0.97=\mathbf{0.97}\boldsymbol{y}$（人）

(3)　切り取った糸の長さの和は $15\times a=15a$（cm）だから，残りの長さは $\mathbf{(170-15}\boldsymbol{a}\mathbf{)}$ cm である。

3 (1)　$\sqrt{2}$ 以上 $\sqrt{7}$ 以下の整数は，$\sqrt{4}=2$ だけである。

(2)　$\dfrac{4}{\sqrt{2}}=\dfrac{4\times\sqrt{2}}{\sqrt{2}\times\sqrt{2}}=2\sqrt{2}=\sqrt{8}$，$4\sqrt{2}=\sqrt{32}$ より，
$\sqrt{8}<n<\sqrt{32}$ となる整数 n は，$n=\mathbf{3, 4, 5}$ である。

(3)　与式 $=(x-3y)(x-4y)$ として，
$x=3\sqrt{2}+8$，$y=\sqrt{2}+2$ を代入すると，
$\{3\sqrt{2}+8-3(\sqrt{2}+2)\}\{3\sqrt{2}+8-4(\sqrt{2}+2)\}=$
$(3\sqrt{2}+8-3\sqrt{2}-6)(3\sqrt{2}+8-4\sqrt{2}-8)=$
$2\times(-\sqrt{2})=\boldsymbol{-2\sqrt{2}}$

4 (1)　与式 $=x^2-4^2+6x=x^2+6x-16=$
$\mathbf{(}\boldsymbol{x}\mathbf{+8)(}\boldsymbol{x}\mathbf{-2)}$

(2)　$x+2=$ A とおくと，
与式 $=$ A$^2-5$ A$-14=($ A$-7)($ A$+2)$
A をもとにもどすと，
$(x+2-7)(x+2+2)=\mathbf{(}\boldsymbol{x}\mathbf{-5)(}\boldsymbol{x}\mathbf{+4)}$

(3)　与式 $=3(x^2-10x+25)=\mathbf{3(}\boldsymbol{x}\mathbf{-5)^2}$

(4)　与式 $=x^2-(y^2+2y+1)=x^2-(y+1)^2=$
$\{x+(y+1)\}\{x-(y+1)\}=$
$\mathbf{(}\boldsymbol{x}\mathbf{+}\boldsymbol{y}\mathbf{+1)(}\boldsymbol{x}\mathbf{-}\boldsymbol{y}\mathbf{-1)}$

5 (1)　$4950=2\times 3^2\times 5^2\times 11$ だから，$\sqrt{4950a}$ が整数となるような自然数 a は n を自然数として，
$a=2\times 11\times n^2$ と表せる。a の値が最も小さくなるのは，$n=1$ のときの $a=2\times 11\times 1^2=\mathbf{22}$ である。

(2)　$0<a\leqq 50$ より，$25<25+a\leqq 75$
$25+a$ の値が $6^2=36$，$7^2=49$，$8^2=64$ になるとき，$\sqrt{25+a}$ が自然数となる。a の値は，$36-25=\mathbf{11}$，$49-25=\mathbf{24}$，$64-25=\mathbf{39}$ である。

(3)　$540=2^2\times 3^3\times 5$ の中にある平方数は，
$2^2\times 3^2$，3^2，2^2，1^2 の4個ある。それぞれに対応する n の値があるから，求める個数は $\mathbf{4}$ 個である。

(4)　a，b を9以下の自然数とすると，P $=10a+b$，Q $=10b+a$ と表せる。P $-$ Q $=45$ より，
$(10a+b)-(10b+a)=45$　$a-b=5$ …(i)
$\sqrt{\text{P}+\text{Q}}=\sqrt{(10a+b)+(10b+a)}=\sqrt{11(a+b)}$
が自然数となるのは，$2\leqq a+b\leqq 18$ より，
$a+b=11$ …(ii) のときである。(i), (ii) の連立方程式を解くと $a=8$，$b=3$ となるから，P $=\mathbf{83}$

2 方程式

基本問題 P.9～10

解答例

1 (1) $x=15$　　(2) $x=-5$　　(3) $x=6$　　(4) $x=2$

(5) $x=2$, $y=-3$　　(6) $x=2$, $y=-3$

(7) $x=9$, $y=6$　　(8) $x=10$, $y=-4$

(9) $x=0$, -4　　(10) $x=5$, -4

(11) $x=1$, -5　　(12) $x=-3\pm\sqrt{11}$

(13) $x=\dfrac{3\pm\sqrt{13}}{2}$　　(14) $x=-2\pm\sqrt{11}$

(15) $x=\dfrac{-1\pm\sqrt{6}}{5}$　　(16) $x=1$, $-\dfrac{2}{3}$

2 1700

3 180

4 50円切手…14　80円切手…8

5 電気代…340　水道代…190

6 6

解説

1(1)　$4x=3\times20$

$4x=60$

$x=15$

(2)　$5(x+2)=3x$

$5x+10=3x$

$5x-3x=-10$

$2x=-10$

$x=-5$

(3)　$3x-x=7+5$

$2x=12$

$x=6$

(4)　$-3x-2x=-8-2$

$-5x=-10$

$x=2$

(5)　$\begin{cases} 3x-y=9 \cdots(\text{i}) \\ 2x+y=1 \cdots(\text{ii}) \end{cases}$ とおく。

(i)+(ii)でyを消去すると，$5x=10$　$x=2$

(ii)に$x=2$を代入すると，$2\times2+y=1$

$4+y=1$　$y=-3$

(6)　$\begin{cases} 2x+3y=-5 \cdots(\text{i}) \\ 3x-4y=18 \cdots(\text{ii}) \end{cases}$ とおく。

(i)$\times4$+(ii)$\times3$でyを消去すると，

$\begin{array}{r} 8x+12y=-20 \\ +)\ \ 9x-12y=54 \\ \hline 17x\ \ \ \ \ \ \ =34 \\ x\ \ \ \ \ \ \ =2 \end{array}$

(i)に$x=2$を代入すると，

$2\times2+3y=-5$

$y=-3$

(7)　$5x-6y=9$に$y=x-3$を代入すると，

$5x-6(x-3)=9$

$5x-6x+18=9$

$-x=9-18$

$-x=-9$

$x=9$

$y=x-3$に$x=9$を代入すると，$y=9-3=6$

(8)　$2x+3y=8$に$x=3y+22$を代入すると，

$2(3y+22)+3y=8$

$6y+44+3y=8$

$9y=8-44$

$9y=-36$

$y=-4$

$x=3y+22$に$y=-4$を代入すると，

$x=3\times(-4)+22=10$

(9)　$x(x+4)=0$より，$x=0$, -4

(10)　$(x-5)(x+4)=0$より，$x=5$, -4

(11)　$x+2=\pm3$

$x+2=3$より$x=1$，$x+2=-3$より$x=-5$

(12)　$x^2+6x-2=0$　2次方程式の解の公式より，

$x=\dfrac{-6\pm\sqrt{6^2-4\times1\times(-2)}}{2\times1}=\dfrac{-6\pm\sqrt{44}}{2}=$

$\dfrac{-6\pm2\sqrt{11}}{2}=-3\pm\sqrt{11}$

(13)　2次方程式の解の公式より，

$x=\dfrac{-(-3)\pm\sqrt{(-3)^2-4\times1\times(-1)}}{2\times1}=$

$$\frac{3 \pm \sqrt{13}}{2}$$

(14) 2次方程式の解の公式より，

$$x = \frac{-4 \pm \sqrt{4^2 - 4 \times 1 \times (-7)}}{2 \times 1} = \frac{-4 \pm \sqrt{44}}{2} =$$

$$\frac{-4 \pm 2\sqrt{11}}{2} = -2 \pm \sqrt{11}$$

(15) 2次方程式の解の公式より，

$$x = \frac{-2 \pm \sqrt{2^2 - 4 \times 5 \times (-1)}}{2 \times 5} = \frac{-2 \pm \sqrt{24}}{10} =$$

$$\frac{-2 \pm 2\sqrt{6}}{10} = \frac{-1 \pm \sqrt{6}}{5}$$

(16) 2次方程式の解の公式より，

$$x = \frac{-(-1) \pm \sqrt{(-1)^2 - 4 \times 3 \times (-2)}}{2 \times 3} =$$

$$\frac{1 \pm \sqrt{25}}{6} = \frac{1 \pm 5}{6}$$

$$x = \frac{1 + 5}{6} = 1, \quad x = \frac{1 - 5}{6} = -\frac{2}{3}$$

2 スイカの元の値段を x 円とする。
元の値段の $100 - 30 = 70$（%）が1190円だから，
$x \times 0.7 = 1190$　$x = 1190 \div 0.7 = 1700$
よって，元の値段は**1700円**である。

3 園児の人数を x 人とすると，つくったもちの個数は
x を使って $(5x + 45)$ 個，$(7x - 9)$ 個と2通りに表
せるから，$5x + 45 = 7x - 9$　$2x = 54$　$x = 27$
園児の人数が27人で，つくったもちの個数は
$5 \times 27 + 45 = $**180**（個）である。

4 買った50円切手を x 枚，80円切手を y 枚とする。
枚数について式を立てると，
$6 + x + y = 28 \cdots$(i)
代金の合計について式を立てると，
$10 \times 6 + 50x + 80y = 1400 \cdots$(ii)
(i)より，$x + y = 22 \cdots$(iii)
(ii)を整理すると，$5x + 8y = 134 \cdots$(iv)

(iv)$-$(iii)$\times 5$ で x を消去すると，

$$\begin{array}{r} 5x + 8y = 134 \\ -)\ 5x + 5y = 110 \\ \hline 3y = 24 \\ y = 8 \end{array}$$

(iii)に $y = 8$ を代入すると，
$x + 8 = 22$　$x = 14$

よって，50円切手は**14枚**，80円切手は**8枚**である。

5 昨年1月の1日当たりの電気代を x 円，水道代を
y 円とすると，$x + y = 530 \cdots$(i)
今年1月の電気代と水道代の昨年1月からみた増減を
式にすると，$0.15x + 0.1y = 530 - 460 \cdots$(ii)
(ii)を整理すると，$3x + 2y = 1400 \cdots$(iii)
(iii)$-$(i)$\times 2$ で y を消去すると，

$$\begin{array}{r} 3x + 2y = 1400 \\ -)\ 2x + 2y = 1060 \\ \hline x = 340 \end{array}$$

(i)に $x = 340$ を代入すると，
$340 + y = 530$　$y = 190$

よって，電気代が**340円**，水道代が**190円**である。

6 もとの正方形の1辺の長さを x cmとすると，長方形
の縦は $(x + 2)$ cm，横は $(x + 3)$ cmと表せるから，
$(x + 2)(x + 3) = 2x^2$　$x^2 + 5x + 6 = 2x^2$
$x^2 - 5x - 6 = 0$　$(x - 6)(x + 1) = 0$
$x = 6,\ -1$　$x > 0$ だから，$x = 6$
よって，もとの正方形の1辺の長さは**6cm**である。

応用問題 P.11〜12

解答例

1 (1) $x=11$　(2) 6　(3) $a=-2$　$b=5$

2 96

3 道のり…80　時間…2

4 3000

5 2

6 (1)連立方程式 $\begin{cases} 150\times 8+x+y=3\times 1000 \\ 8+\dfrac{x}{120}+\dfrac{y}{180}=22 \end{cases}$

　　$x=1440$　$y=360$　　(2)132

解説

1(1)　両辺に3をかけて，$4x-5=6x-27$

　　$4x-6x=-27+5$　$-2x=-22$　$x=11$

(2)　与式に $x=5$ を代入すると，

　　$5a+3=8\times 5-7$　$5a=40-7-3$

　　$5a=30$　$a=6$

(3)　与式に $x=3$，$y=-1$ を代入すると，

　　$\begin{cases} 3a-b=-11 \\ 3b+a=13 \end{cases}$

　　この連立方程式を解くと，$a=-2$，$b=5$

2　長いすの脚数を x 脚とする。1脚に7人ずつ座ると12人が座れないから，卒業生の人数は，$(7x+12)$ 人

また，1脚に9人ずつ座ると空いている席が，

$9+(9-6)=12$(席)できるから，卒業生の人数は，

$(9x-12)$ 人と表すこともできる。したがって，

$7x+12=9x-12$　これを解くと，$x=12$

よって，卒業生は，$7\times 12+12=96$(人)

3　バスに乗っていた時間は，

午前11時－午前6時30分－30分＝4時間

学校から休憩地点までの移動時間を x 時間，休憩地点から目的地までの移動時間を y 時間とする。

バスに乗っていた時間について，$x+y=4\cdots$(i)

学校から休憩地点までの道のりは $40x$ km，休憩地点から目的地までの道のりは $60y$ km だから，道のりの合計について，$40x+60y=200\cdots$(ii)

(i)，(ii)の連立方程式を解くと，$x=2$，$y=2$

よって，道のりは $40\times 2=80$(km)，時間は **2**時間である。

4　先月集めたアルミ缶を x 個，スチール缶を y 個とすると，$x+y=4000\cdots$(i)

今月集めたアルミ缶は先月より $0.2x$ 個多いので，アルミ缶と交換した金額は先月より，

$2\times 0.2x=0.4x$(円)多い。

今月集めたスチール缶は先月より $0.1y$ 個多いので，スチール缶と交換した金額は $1\times 0.1y=0.1y$(円)多い。

今月は先月より1150円多く交換できたから，

$0.4x+0.1y=1150\cdots$(ii)

(i)，(ii)の連立方程式を解くと，$x=2500$，$y=1500$

よって，今月集めたアルミ缶の個数は，

$2500+2500\times 0.2=3000$(個)

5　$BD=x$ cm とすると，$AB=(x+6)$ cm，

$BC=(x+4)$ cm と表せるから，

$AC=AB+BD=(x+6)+x=2x+6$ (cm)

直角三角形ABCにおいて三平方の定理より，

$AC^2=AB^2+BC^2$ だから，

$(2x+6)^2=(x+6)^2+(x+4)^2$

$4x^2+24x+36=x^2+12x+36+x^2+8x+16$

$2x^2+4x-16=0$　$x^2+2x-8=0$

$(x+4)(x-2)=0$　$x=-4, 2$

$x>0$ より，$x=2$

よって，$BD=2$ cm

6(1)　スタート地点からA地点までの道のりは

(150×8) m，A地点からB地点までの道のりは x m，B地点からゴール地点までの道のりは y m で，道のりの合計は，3 km $=(3\times 1000)$ m

したがって，道のりの合計について，

$150\times 8+x+y=3\times 1000\cdots$(i)

スタート地点からA地点までにかかった時間は8分，A地点からB地点までにかかった時間は $\dfrac{x}{120}$ 分，B地点からゴール地点までにかかった時間は $\dfrac{y}{180}$ 分で，かかった時間の合計は22分である。

したがって，時間の合計について，

$8+\dfrac{x}{120}+\dfrac{y}{180}=22\cdots$(ii)

(i)，(ii)の連立方程式を解くと，

$x=1440$, $y=360$

(2) B地点からゴール地点までは$\frac{360}{180}=2$（分）かかったから，スタート地点からB地点までの
$3000-360=2640$（m）を$22-2=20$（分）で走ったことになる。
$\frac{2640}{20}=132$より，その速さは分速**132m**である。

基本問題 P.15～16

解答例

1 (1)**9**　　(2)**1**　　(3)$y=-2x+3$　　(4)**6**
　　(5)$y=-5x$

2 (1)$\frac{1}{2}$　　(2)**18**　　(3)$y=2x+6$　　(4)**24**
　　(5)$(4,8)$

3 (1)$0\leqq y\leqq 4$　　(2)$\frac{3+\sqrt{17}}{2}$

4 (1)-1　　(2)$(3,3)$　　(3)$y=2x-3$
　　(4)**3**　　(5)$(-1,-5)$

解説

1(1)　点Aはx座標が-3で関数$y=x^2$のグラフ上にあるから，$y=x^2$に$x=-3$を代入すると，
$y=(-3)^2=$**9**

(2)　点Bはx座標が1で関数$y=x^2$のグラフ上にあるから，$y=x^2$に$x=1$を代入すると，$y=1^2=$**1**

(3)　直線ABの式を$y=ax+b$とおく。
直線ABは点Aを通るから$x=-3$，$y=9$を代入すると，$9=-3a+b$…(i)
点Bを通るから$x=1$，$y=1$を代入すると，
$1=a+b$…(ii)
(i)，(ii)の連立方程式を解くと，$a=-2$，$b=3$
よって，直線ABの式は，$y=-2x+3$
また，直線ABの傾きを$\frac{1-9}{1-(-3)}=\frac{-8}{4}=-2$と求め，$y=-2x+b$にB$(1,1)$の座標を代入すると$b=3$となることから，$y=-2x+3$としてもよい。

(4)　直線ABとy軸との交点をCとすると，
C$(0,3)$より，OC$=3$
△OCAの底辺をOCとしたときの高さは，点Aと点Oのx座標の差に等しく3だから，
△OCA$=\frac{1}{2}\times 3\times 3=\frac{9}{2}$
△OCBについても同様にして，
△OCB$=\frac{1}{2}\times 3\times 1=\frac{3}{2}$
よって，△OAB$=$△OCA$+$△OCB$=$**6**

(5) 式を求める直線は，2点A，Bの中点を通る。

そのx座標は，$\dfrac{(\text{AとBの}x\text{座標の和})}{2}=\dfrac{-3+1}{2}=-1$，

y座標は，$\dfrac{(\text{AとBの}y\text{座標の和})}{2}=\dfrac{9+1}{2}=5$

式を求める直線は原点を通るので，$y=kx$とする。

これに$(-1,5)$を代入すると，

$5=-k$より，$k=-5$

よって，求める式は，

$\boldsymbol{y=-5x}$

2(1) ①は点Aを通るから，$y=ax^2$に$x=-2$，$y=2$を代入すると，$2=a\times(-2)^2$　$4a=2$　$a=\dfrac{1}{2}$

(2) 点Bは①上にあるから，$y=\dfrac{1}{2}x^2$に$x=6$，$y=b$を代入すると，$b=\dfrac{1}{2}\times6^2=\boldsymbol{18}$

(3) 直線ABの式を$y=cx+d$とおく。

直線ABは点Aを通るから$x=-2$，$y=2$を代入すると，$2=-2c+d$…(i)

点Bを通るから$x=6$，$y=18$を代入すると，$18=6c+d$…(ii)

(i)，(ii)の連立方程式を解くと，$c=2$，$d=6$

よって，直線ABの式は，$\boldsymbol{y=2x+6}$

(4) 直線ABとy軸との交点をCとすると，

$C(0,6)$より，$OC=6$

△OCAの底辺をOCとしたときの高さは，点Aと点Oのx座標の差に等しく2だから，

$\triangle OCA=\dfrac{1}{2}\times6\times2=6$

△OCBについても同様にして，

$\triangle OCB=\dfrac{1}{2}\times6\times6=18$

よって，$\triangle OAB=\triangle OCA+\triangle OCB=\boldsymbol{24}$

(5) △OABと△PABの底辺をともにABとしたときの高さが等しいとき，面積も等しくなる。

したがって，OP//ABのとき△OAB＝△PABとなる。

平行な直線は傾きが等しいから，直線OPの傾きは直線ABの傾きと同じく2なので，直線OPの式は

$y=2x$である。

$y=\dfrac{1}{2}x^2$と$y=2x$を連立させて交点のx座標を求める。yを消去して，$\dfrac{1}{2}x^2=2x$より，$x=0$，4

$x=0$は原点Oのx座標だから，Pのx座標は，$x=4$

Pのy座標は$y=2\times4=8$だから，$P(\boldsymbol{4},\boldsymbol{8})$

3(1) $y=x^2$のyの値は，$-2\leqq x\leqq1$の範囲では，xの絶対値が最も大きい$x=-2$のとき最大値となり，xの絶対値が最も小さい$x=0$のとき最小値となる。

$x=-2$のときのyの値は，$y=(-2)^2=4$

$x=0$のときのyの値は0だから，yの変域は，

$\boldsymbol{0\leqq y\leqq4}$

(2) 点Bのx座標はtで，①上の点だから，$B(t,t^2)$と表せる。

点Cは点Bとy軸について対称な点だから，$C(-t,t^2)$より，

$BC=(\text{Bの}x\text{座標})-(\text{Cの}x\text{座標})=$
$t-(-t)=2t$

点Dのx座標はtで，②上の点だから，$D(t,t+2)$

2点B，Dは点Aの右側にあるから，点Bの方がy座標が大きいので，

$BD=(\text{Bの}y\text{座標})-(\text{Dの}y\text{座標})=t^2-(t+2)$

$BC=BD$より，$2t=t^2-(t+2)$

$t^2-3t-2=0$　$t=\dfrac{3\pm\sqrt{17}}{2}$

$t>2$であり，$4<\sqrt{17}<5$だから，$t=\dfrac{3+\sqrt{17}}{2}$

4(1) ②は点Cを通るから$y=ax^2$に$x=-3$，$y=-9$を代入すると，$-9=a\times(-3)^2$

$9a=-9$　$a=\boldsymbol{-1}$

(2) 点Aはx座標が-3で①上にあるから，

$y=\dfrac{1}{3}x^2$に$x=-3$を代入すると，

$y=\dfrac{1}{3}\times(-3)^2=3$より，$A(-3,3)$

点Bは点Aとy軸について対称だから，$B(\boldsymbol{3},\boldsymbol{3})$

(3) 直線BCの式を$y=cx+d$とおく。

直線BCは点Bを通るから$x=3$，$y=3$を代入すると，$3=3c+d$…(i)

点Cを通るから$x=-3$，$y=-9$を代入すると，$-9=-3c+d$…(ii)

(i), (ii)の連立方程式を解くと，$c = 2$，$d = -3$

よって，直線ＢＣの式は，$y = 2x - 3$

(4)　$y = \frac{1}{3}x^2$に$x = 3$を代入すると，$y = \frac{1}{3} \times 3^2 = 3$

$x = 6$を代入すると，$y = \frac{1}{3} \times 6^2 = 12$

よって，変化の割合は，$\frac{(y\text{の増加量})}{(x\text{の増加量})} = \frac{12 - 3}{6 - 3} = 3$

〔別の解き方〕

関数$y = px^2$において，xの値がmからnまで変化するときの変化の割合は，$p(m + n)$で求められることを利用する。

求める変化の割合は，$\frac{1}{3}(3 + 6) = 3$

(5)　△ＡＢＣと△ＡＢＤの底辺をともにＡＢとすると，高さの比は面積比と等しくなる。

つまり，右図のＡＣ：ＨＤは，

$1 : \frac{2}{3}$となる。

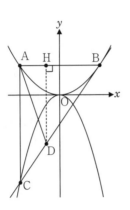

ＡＣ = 3 - (-9) = 12だから，

ＨＤ = $12 \times \frac{2}{3} = 8$

Ｈのy座標は3だから，Ｄの

y座標は，3 - 8 = -5

$y = 2x - 3$に$y = -5$を代入すると，

$-5 = 2x - 3$より$x = -1$となるから，

Ｄ$(-1, -5)$

応用問題 P.17〜18

解答例

$\boxed{1}$　(1)$(2, -1)$　　(2)$\frac{7}{4}$

$\boxed{2}$　(1)4　　(2)$\frac{3}{2}$

　　(3)$a = 6$　　直線の式…$y = -2x + 12$

$\boxed{3}$　(1)6　　(2)$\frac{4}{25} \leqq a \leqq \frac{5}{2}$

　　(3)$a = \frac{2}{3}$　　直線ＡＣの式…$y = -\frac{1}{4}x + \frac{21}{4}$

$\boxed{4}$　(1)$y = -x + 4$　　(2)12

　　(3)㋐$2\sqrt{2}$　　㋑$\frac{1}{2}t^2 + t - 4$　　㋒$\frac{91}{16}$

解説

$\boxed{1}$(1)　点Ｃはx座標が2で，②上にあるから，

　　$y = -\frac{1}{4}x^2$に$x = 2$を代入すると，$y = -1$

　　よって，Ｃ$(2, -1)$

(2)　$y = ax^2$にＡのx座標の$x = 2$を代入すると，

　　$y = 4a$となるので，Ａ$(2, 4a)$

　　点Ｂは点Ｃとy軸について対称な点だから，

　　Ｂ$(-2, -1)$

　　直線ＡＢの傾きが2だから，$\frac{4a - (-1)}{2 - (-2)} = 2$

　　これを解くと，$a = \frac{7}{4}$

$\boxed{2}$(1)　$y = x^2$は上に開いた放物線だから，xの絶対値が

　　大きいほどyの値は大きくなる。$-a \leqq x \leqq \frac{1}{2}a$の

　　範囲では，$x = -a$が最も絶対値が大きいから，

　　$x = -a$のとき$y = 16$になるとわかる。

　　これらを$y = x^2$に代入すると，$16 = (-a)^2$

　　$a = \pm 4$　　$a > 0$より，$a = 4$

(2)　四角形ＢＤＥＣが正方形になるのは，ＢＤ = ＢＣ

　　のときである。

　　点Ｂはx座標がaで，①上にあるから，$y = x^2$に

　　$x = a$を代入すると，$y = a^2$となるので，Ｂ(a, a^2)

　　点Ｄは点Ｂとy軸について対称だから，Ｄ$(-a, a^2)$

　　ＢＤ = $a - (-a) = 2a$

　　点Ｃはx座標がaで，②上にあるから，

　　$y = -\frac{1}{3}x^2$に$x = a$を代入すると，

　　$y = -\frac{1}{3}a^2$となるので，Ｃ$\left(a, -\frac{1}{3}a^2\right)$

　　ＢＣ = $a^2 - \left(-\frac{1}{3}a^2\right) = \frac{4}{3}a^2$，ＢＤ = ＢＣより，

　　$2a = \frac{4}{3}a^2$　　$a = 0$，$\frac{3}{2}$　　$a > 0$より，$a = \frac{3}{2}$

(3) （0，12)を点Mとする。四角形ＢＤＥＣは長方形だから，平行四辺形に含まれる。平行四辺形の面積を2等分する直線は2本の対角線の交点(対角線の中点)を通るから，直線ＡＭは2点Ｃ，Ｄの中点を通る。

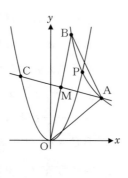

四角形ＢＤＥＣはy軸について対称だから，Ｃ，Ｄの中点はy軸上にあり，点Ｍがこの点にあたる。

$C\left(a, -\frac{1}{3}a^2\right)$，$D(-a, a^2)$だから，点Ｍの$y$座標について，$\frac{(CとDのy座標の和)}{2}=12$より，

$\left(-\frac{1}{3}a^2+a^2\right)\times\frac{1}{2}=12$　$a=\pm6$

$a>0$より，$a=6$

直線ＡＭの切片は12だから，この式を$y=kx+12$とおいて，A（6，0)を代入すると，

$0=6k+12$より，$k=-2$

よって，求める直線の式は，$y=-2x+12$

3(1)　x座標，y座標がともに整数になるのはx座標が20の約数になるときである。20の約数は1，2，4，5，10，20だから，全部で6個ある。

(2)　②はaの値が大きいほど開き具合が小さくなるので，aの値は，点Ａを通るとき最小に，点Ｂを通るとき最大になる。

$y=\frac{20}{x}$において，$x=5$のとき$y=4$，$x=2$のとき$y=10$となるから，A（5，4)，B（2，10)

②が点Ａを通るとき，$y=ax^2$に$x=5$，$y=4$を代入すると，$4=25a$　$a=\frac{4}{25}$

②が点Ｂを通るとき，$y=ax^2$に$x=2$，$y=10$を代入すると，$10=4a$　$a=\frac{5}{2}$

よって，aの変域は，$\frac{4}{25}\leqq a\leqq\frac{5}{2}$

(3)　直線ＡＣが△ＯＡＢの面積を2等分するのは，直線ＡＣが2点Ｏ，Ｂの中点を通るときである。Ｏ，Ｂの中点をＭとし，Ｍの座標→直線ＡＣの式→Ｃの座標→aの値，の順に求めていく。

Ｍのx座標は，$\frac{(OとBのx座標の和)}{2}=\frac{0+2}{2}=1$，

y座標は，$\frac{(OとBのy座標の和)}{2}=\frac{0+10}{2}=5$だから，M（1，5)

よって，A（5，4)，M（1，5)を通る直線の式を求めると，$y=-\frac{1}{4}x+\frac{21}{4}$となり，これが直線ＡＣの式である。

この式にＣのx座標の$x=-3$を代入すると，$y=6$となるから，C（-3，6)

$y=ax^2$にＣの座標を代入すると，$6=9a$　$a=\frac{2}{3}$

4(1)　点Ａはx座標が2で①上にあるから，$y=\frac{1}{2}x^2$に$x=2$を代入すると，$y=2$となるので，A（2，2)

点Ｂについても同様にして，B（-4，8)

直線ＡＢの式を$y=ax+b$とおく。

A（2，2)を通るから，$2=2a+b\cdots$(i)

B（-4，8)を通るから，$8=-4a+b\cdots$(ii)

(i)，(ii)の連立方程式を解くと，$a=-1$，$b=4$

よって，直線ＡＢの式は，$y=-x+4$

(2)　直線ＡＢとy軸との交点をＣとすると，△ＯＡＢの面積は，△ＯＣＡと△ＯＣＢの面積の和と等しくなる。

C（0，4)より，OC＝4

△ＯＣＡの底辺をＯＣとしたときの高さは，点Ａと点Ｏのx座標の差に等しく2だから，

$△OCA=\frac{1}{2}\times4\times2=4$

△ＯＣＢについても同様にして，

$△OCB=\frac{1}{2}\times4\times4=8$

よって，$△OAB=△OCA+△OCB=12$

(3)⑦　点Ｑがy軸上にあるから，PQ＝tである。

点Ｑは，直線ＡＢの切片なので，Q（0，4)

点Ｐはx座標がtで，①上にあるから，$y=\frac{1}{2}x^2$に$x=t$を代入すると，$y=\frac{1}{2}t^2$

これが点Ｑのy座標と等しく4だから，

$\frac{1}{2}t^2=4$　$t^2=8$　$t=\pm2\sqrt{2}$

$2<t<4$より，$PQ=t=2\sqrt{2}$

①　⑦より，$P\left(t, \frac{1}{2}t^2\right)$と表せる。

点Ｑは，y座標が点Ｐのy座標と等しく$\frac{1}{2}t^2$で，直線ＡＢ上にあるから，$y=-x+4$に$y=\frac{1}{2}t^2$

を代入すると，$\frac{1}{2}t^2 = -x + 4$

$x = -\frac{1}{2}t^2 + 4$ より，$Q\left(-\frac{1}{2}t^2 + 4, \frac{1}{2}t^2\right)$

$PQ = t - \left(-\frac{1}{2}t^2 + 4\right) = \frac{1}{2}t^2 + t - 4$

㋒ 関数 $y = cx^2$ において，x の値が m から n まで
変化するときの変化の割合は，$c(m + n)$ で求めら
れることを利用する。

点Pの x 座標が t，点Rの x 座標が $t - 7$ だから，

直線PRの傾きは，$\frac{1}{2}\{t + (t - 7)\} = t - \frac{7}{2}$

と表せる。

AB∥PRより，直線PRの傾きは直線ABの傾
きに等しく -1 なので，$t - \frac{7}{2} = -1$ を解くと，

$t = \frac{5}{2}$ となる。

㋑で求めた式に $t = \frac{5}{2}$ を代入して，

$PQ = \frac{1}{2} \times \left(\frac{5}{2}\right)^2 + \frac{5}{2} - 4 = \frac{13}{8}$

よって，$\triangle PQR = \frac{1}{2} \times \frac{13}{8} \times 7 = \frac{91}{16}$

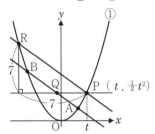

基本問題 P.21〜22

解答例

1 (1)82° (2)55° (3)65° (4)65° (5)130°

2 (1)4 (2)3 (3)3 (4)$2\sqrt{6}$

解説

1 (1) ∠ACB = ∠ABC = 75° より，

∠BAC = 180° − ∠ABC − ∠ACB = 30°

平行線の錯角は等しいから，$\ell \parallel m$ より，

∠x = 52° + 30° = **82°**

(2) 平行四辺形の対角は等しいから，

∠BCD = ∠BAD = 105°

二等辺三角形EBCにおいて，

∠ECB = $\frac{180° - 80°}{2}$ = 50°

よって，∠x = ∠BCD − ∠ECB = **55°**

(3) 平行四辺形のとなり合う内角の和は180°だから，

∠ABC = 180° − ∠BCD = 65°

△ABEはAB = AEの二等辺三角形だから，

∠AEB = ∠ABE = 65°

平行線の錯角は等しいから，AD∥BCより，

∠x = ∠AEB = **65°**

(4) CとDを結ぶ。

同じ弧に対する円周角は等しいから，

∠BCD = ∠BAD = 25°

半円の弧に対する円周角は90°だから，

∠ACD = 90°

よって，∠x = ∠ACD − ∠BCD = **65°**

(5) △ABDはAD = BDの二等辺三角形だから，

∠DAB = ∠DBA = a とおく。

△ACEはAE = CEの二等辺三角形だから，

∠EAC = ∠ECA = b とおく。

△ABCの内角の和より，

∠BAC + ∠ABC + ∠ACB = 180°

$(a + 80° + b) + a + b = 180°$　$2a + 2b = 100°$

$a + b = 50°$

よって，∠ＢＡＣ＝a＋80°＋b＝50°＋80°＝**130°**

2 (1) 中点連結定理を利用して，ＥＧ＋ＧＦからＥＦの
長さを求める。

ＡＥ：ＥＢ＝ＤＦ：ＦＣだから，平行線と線分の比
より，ＡＤ／／ＥＦ／／ＢＣ

△ＡＢＣにおいて，ＥＧ／／ＢＣで点ＥがＡＢの中点
だから，中点連結定理より，ＥＧ＝$\frac{1}{2}$ＢＣ＝$\frac{5}{2}$(cm)

△ＣＡＤにおいても同様に，ＧＦ＝$\frac{1}{2}$ＡＤ＝$\frac{3}{2}$(cm)

よって，ＥＦ＝ＥＧ＋ＧＦ＝$\frac{5}{2}$＋$\frac{3}{2}$＝**4**(cm)

(2) 三角形の相似を利用してＤＥの長さを求める。

△ＡＢＥと△ＤＣＥにおいて，
同じ弧に対する円周角は等しいから，
∠ＢＡＥ＝∠ＣＤＥ，∠ＡＢＥ＝∠ＤＣＥ
2組の角がそれぞれ等しいから，△ＡＢＥ∽△ＤＣＥ
よって，ＡＥ：ＤＥ＝ＡＢ：ＤＣより，
2：ＤＥ＝6：9　ＤＥ＝$\frac{2 \times 9}{6}$＝**3**(cm)

(3) 30°や60°の角があるときには，
3辺の比が1：2：$\sqrt{3}$の直角三
角形を利用できないかを考える。
右図のように点ＯからＡＢに
垂線ＯＨを引くと，△ＯＡＨは

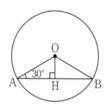

ＯＨ：ＯＡ：ＡＨ＝1：2：$\sqrt{3}$の直角三角形となる。
円の中心から弦に引いた垂線は弦を2等分するか
ら，点Ｈは弦ＡＢの中点となるので，
ＡＨ＝$\frac{1}{2}$ＡＢ＝$\frac{3\sqrt{3}}{2}$(cm)
ＯＡ＝$\frac{2}{\sqrt{3}}$ＡＨ＝$\frac{2}{\sqrt{3}} \times \frac{3\sqrt{3}}{2}$＝3 (cm)
よって，円Ｏの半径は**3**cmである。

(4) 縦，横，高さがa，b，cの直方体の対角線の長
さは，$\sqrt{a^2 + b^2 + c^2}$で求めることができる。
よって，ＡＧ＝$\sqrt{2^2 + 2^2 + 4^2}$＝$\sqrt{24}$＝**$2\sqrt{6}$**(cm)

応用問題 P.23〜24

解答例

1 (1)54°　　(2)**118°**　　(3)**117°**

2 (1)$\frac{4\sqrt{3}}{3}$　　(2)$\frac{13}{5}$　　(3)$\frac{15}{8}$　　(4)**$3\sqrt{6}$**
(5)**12**

解説

1 (1) ＣとＢを結ぶ。円周角の大き
さは弧の長さに比例するから，
∠ＡＢＤ：∠ＤＢＣ＝
$\overset{\frown}{\text{ＡＤ}}$：$\overset{\frown}{\text{ＤＣ}}$＝3：2
したがって，

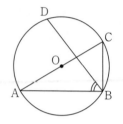

∠ＡＢＤ：∠ＡＢＣ＝3：（3＋2）＝3：5
半円の弧に対する円周角は90°だから，
∠ＡＢＣ＝90°
よって，∠ＡＢＤ＝$\frac{3}{5}$∠ＡＢＣ＝**54°**

(2) ＣとＤを結ぶ。
$\overset{\frown}{\text{ＤＥ}}$＝$\overset{\frown}{\text{ＣＤ}}$より，∠ＤＣＥ＝∠ＣＥＤ＝38°
同じ弧に対する円周角は等しいから，
∠ＢＤＣ＝∠ＢＡＣ＝24°
△ＣＦＤにおいて，
∠ＣＦＤ＝180°－∠ＦＣＤ－∠ＦＤＣ＝**118°**

(3) 右のように作図する。
三角形の1つの外角は，
これととなり合わない
2つの内角の和に等し
いから，

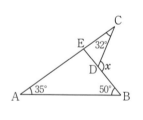

△ＡＢＥにおいて，∠ＣＥＤ＝35°＋50°＝85°
△ＣＤＥにおいて，
∠x＝∠ＣＥＤ＋∠ＥＣＤ＝85°＋32°＝**117°**

2 (1) ∠ＣＯＢ＝180°－∠ＢＯＤ＝60°だから，
∠ＣＯＥ＝60°×$\frac{1}{2}$＝30°
円の接線は接点を通る半径に垂直だから，
∠ＯＣＥ＝90°
したがって，△ＣＯＥは
ＣＥ：ＯＥ：ＣＯ＝1：2：$\sqrt{3}$の直角三角形である。
ＣＯ＝ＯＢ＝4cmより，ＣＥ＝$\frac{1}{\sqrt{3}}$ＣＯ＝$\frac{4\sqrt{3}}{3}$(cm)

(2) 折り返すと重なるから，

AF＝AD＝13cm，AH＝AB＝12cm

したがって，FH＝13－12＝1（cm）

直角三角形ABFにおいて，三平方の定理より，

BF＝$\sqrt{AF^2-AB^2}$＝5（cm）

FG＝$x$cmとおくと，BG＝$(5-x)$cm

折り返すと重なるから，

HG＝BG＝$(5-x)$cm，∠AHG＝∠ABG＝90°

直角三角形GFHにおいて，三平方の定理より，

HG²＋FH²＝FG²　$(5-x)^2+1^2=x^2$

これを解いて，FG＝x＝$\dfrac{13}{5}$cm

(3) AD∥BCだから，△ADE∽△CBEが成り立つ。ACの長さがわかっているから，△ADEと△CBEの相似比がわかれば，CEの長さを求められる。

BDが∠ABCの二等分線であることと，平行線の錯角は等しいことから，右のように作図できる。

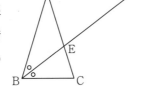

∠ABD＝∠ADBだから，△ABDは二等辺三角形なので，AD＝AB＝5cm

したがって，△ADEと△CBEの相似比は，

AD：CB＝5：3

よって，AE：CE＝5：3だから，

CE：AC＝3：(5＋3)＝3：8なので，

CE＝$\dfrac{3}{8}$AC＝$\dfrac{3}{8}$×5＝$\dfrac{15}{8}$（cm）

(4) 右のように作図する。

直角三角形FICにおいて，三平方の定理を利用してCFの長さを求めたいので，FIとCIの長さを求める。

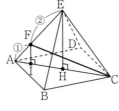

△ABCは直角二等辺三角形だから，

AC＝$\sqrt{2}$AB＝$6\sqrt{2}$（cm）

点EからACに引いた垂線はACの中点と交わるから，点HはACの中点なので，

AH＝$\dfrac{1}{2}$AC＝$3\sqrt{2}$（cm）

FI∥EHより，△AFI∽△AEHで，相似比が

AF：AE＝1：(1＋2)＝1：3だから，

AI＝$\dfrac{1}{3}$AH＝$\sqrt{2}$（cm），FI＝$\dfrac{1}{3}$EH＝$\dfrac{1}{3}$×6＝

2（cm）

CI＝AC－AI＝$6\sqrt{2}-\sqrt{2}$＝$5\sqrt{2}$（cm）

よって，CF＝$\sqrt{FI^2+CI^2}$＝$\sqrt{2^2+(5\sqrt{2})^2}$＝$\sqrt{54}$＝$\boldsymbol{3\sqrt{6}}$（cm）

(5) 立体の表面に長さが最短になるようにかけられた糸は，展開図上で線分となる。したがって，右図のように糸が通る面の展開図をかき，線分PQの長さを求めればよい。

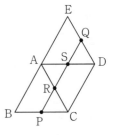

PQとAC，ADとの交点をそれぞれR，Sとする。

展開図においてBP：PC＝EQ：QD，BE∥CDだから，BE∥PQ∥CD

△ABCにおいて，BA∥PRで，PはBCの中点だから，中点連結定理より，PR＝$\dfrac{1}{2}$BA＝4（cm）

同様に考えると，RS＝$\dfrac{1}{2}$CD＝4（cm），SQ＝$\dfrac{1}{2}$AE＝4（cm）だから，PQ＝4＋4＋4＝12（cm）

よって，求める糸の長さは**12cm**である。

Point! 5 面積・体積を求める問題

基本問題 P.27〜28

解答例

1　$\dfrac{8}{3}\pi$

2　$\dfrac{1}{2}$

3　9

4　表面積…48π　　体積…$\dfrac{128}{3}\pi$

5　175π

6　$\dfrac{27}{8}$

7　30π

解説

1　おうぎ形の面積は中心角の大きさに比例するから，
このおうぎ形の面積は，　$4^2\pi\times\dfrac{60}{360}=\dfrac{8}{3}\pi$（cm²）

2　△ABCと△ADEは，底辺をそれぞれBC，DE
としたときの高さが等しいから，面積比は底辺の長さ
の比に等しい。したがって，△ABC：△ADE＝
BC：DE＝（1＋3＋2）：3＝2：1
よって，△ADEの面積は△ABCの面積の$\dfrac{1}{2}$倍で
ある。

3　△ABCと△DEFの相似比は1：3だから，
面積比は1^2：3^2＝1：9である。よって，△DEF
の面積は△ABCの面積の**9**倍である。

4　曲面の部分の面積は，球の表面積の$\dfrac{1}{2}$だから，
$4\pi\times4^2\times\dfrac{1}{2}=32\pi$（cm²）
切り口の面積は$4^2\pi=16\pi$（cm²）だから，表面積は，
$32\pi+16\pi=\textbf{48}\boldsymbol{\pi}$（cm²）
体積は，　$\dfrac{4}{3}\pi\times4^3\times\dfrac{1}{2}=\dfrac{128}{3}\pi$（cm³）

5　長方形ABCDを，辺CDを軸として1回転させて
できる立体は，底面が半径5cmの円で高さが7cmの円
柱である。この円柱の体積は，　$5^2\pi\times7=\textbf{175}\boldsymbol{\pi}$（cm³）

6　円すいPと円すいQの相似比は2：3だから，体積
比は2^3：3^3＝8：27である。
よって，円すいQの体積は円すいPの体積の$\dfrac{27}{8}$倍で
ある。

7　底面の円の半径が$6\times\dfrac{1}{2}=3$（cm）だから，この円
すいの展開図は右図のようになる。

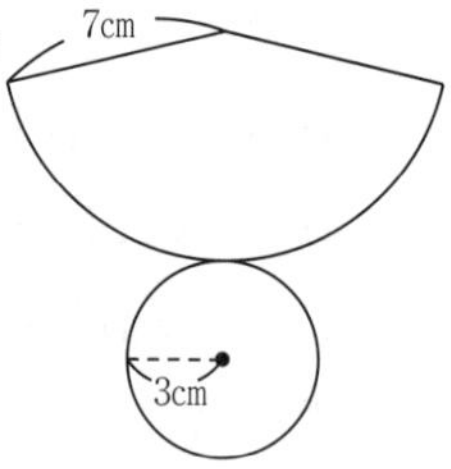

側面のおうぎ形の弧の長さは底面
の円周に等しく，
$2\pi\times3=6\pi$（cm）
おうぎ形の面積は
$\dfrac{1}{2}\times$（弧の長さ）$\times$（半径）で求められるから，
側面積は，　$\dfrac{1}{2}\times6\pi\times7=21\pi$（cm²）
なお，円すいの側面積は，
（底面の半径）$\times$（母線の長さ）$\times\pi$で求めることができ
るので，側面積は，　$3\times7\times\pi=21\pi$（cm²）と求めるこ
ともできる。
底面積は，　$3^2\pi=9\pi$（cm²）
よって，表面積は，　$21\pi+9\pi=\textbf{30}\boldsymbol{\pi}$（cm²）

解答例

1. 49
2. 240π
3. $\dfrac{5}{4}\pi$
4. $\dfrac{7}{4}$
5. (1) $4\sqrt{2}$ (2) $\dfrac{8\sqrt{2}}{3}$

解説

1 　AとCを直線で結ぶ。

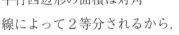

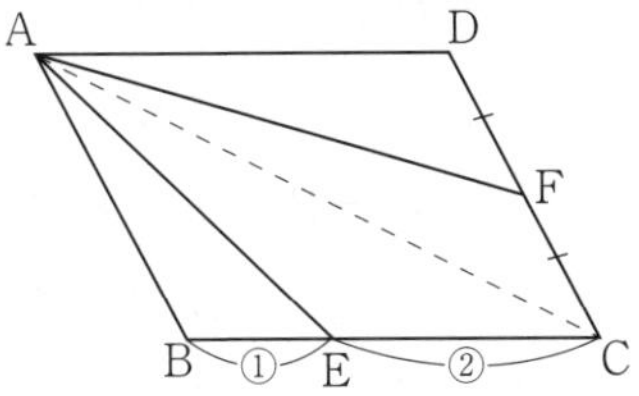

△AECと△AFCの面積を足して，四角形AECFの面積を求める。

平行四辺形の面積は対角線によって2等分されるから，

$\triangle ABC = \triangle ADC = 84 \times \dfrac{1}{2} = 42$（cm²）

△ABCと△AECは，底辺をそれぞれBC，ECとしたときの高さが等しいから，面積比がBC：EC＝

$(1+2):2 = 3:2$と等しくなるので，

△ABC：△AEC＝3：2

$\triangle AEC = \dfrac{2}{3}\triangle ABC = \dfrac{2}{3} \times 42 = 28$（cm²）

同様に，△ADC：△AFC＝DC：FC＝2：1

$\triangle AFC = \dfrac{1}{2}\triangle ADC = \dfrac{1}{2} \times 42 = 21$（cm²）

よって，四角形AECFの面積は，

△AEC＋△AFC＝28＋21＝**49**（cm²）

2 　できる立体は右図のように，円すいと半球を合わせた立体である。

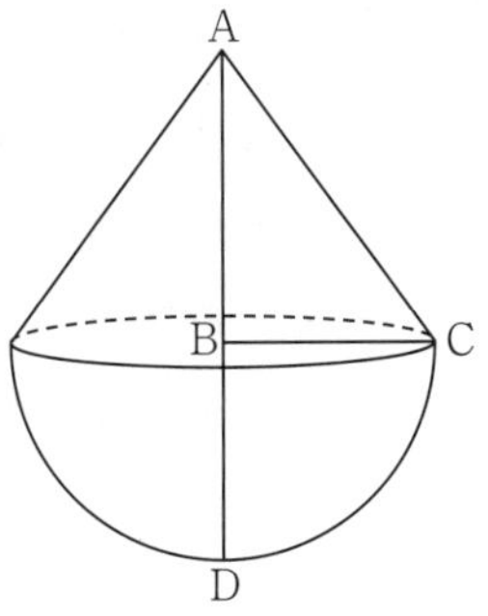

直角三角形ABCにおいて，三平方の定理より，

$BC = \sqrt{AC^2 - AB^2} = \sqrt{10^2 - 8^2} = 6$（cm）

円すい部分は，底面の半径がBC＝6cmで高さがAB＝8cmだから，体積は，$\dfrac{1}{3} \times 6^2\pi \times 8 = 96\pi$（cm³）

半球部分は半径がBC＝6cmだから，体積は，

$\dfrac{4}{3}\pi \times 6^3 \times \dfrac{1}{2} = 144\pi$（cm³）

よって，求める体積は，$96\pi + 144\pi = \mathbf{240\pi}$（cm³）

3 　ADとOCの交点をFとする。△ADOと△OECはともに△ODFを含むから，それを除いた残りの面

積は等しいので，（台形DECFの面積）＝△AFO

つまり，色をつけた部分の面積はおうぎ形OACの面積と等しい。よって，求める面積は，

$3^2\pi \times \dfrac{50}{360} = \dfrac{5}{4}\pi$（cm²）

4 　△FBEの面積と，△FBEと四角形FDGEの面積比を求めてから，四角形FDGEの面積を求める。

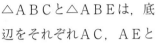
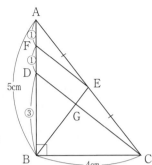

△ABCと△ABEは，底辺をそれぞれAC，AEとしたときの高さが等しいから，面積比はAC：AE＝

2：1となるので，△ABC：△ABE＝2：1

$\triangle ABE = \dfrac{1}{2}\triangle ABC = \dfrac{1}{2} \times \left(\dfrac{1}{2} \times 4 \times 5\right) = 5$（cm²）

AD：DB＝2：3，AF＝FDより，

$AF:FD:DB = \dfrac{2}{2}:\dfrac{2}{2}:3 = 1:1:3$

△ABE：△FBE＝AB：FB＝

$(1+1+3):(1+3) = 5:4$だから，

$\triangle FBE = \dfrac{4}{5}\triangle ABE = \dfrac{4}{5} \times 5 = 4$（cm²）

△ADCにおいて中点連結定理より，FE／／DC

したがって，△FBE∽△DBGであり，相似比は，

FB：DB＝$(1+3):3 = 4:3$

これより，△FBE：△DBG＝$4^2:3^2 = 16:9$

△FBE：（四角形FDGEの面積）＝16：$(16-9)$＝16：7

よって，四角形FDGEの面積は，

$\dfrac{7}{16}\triangle FBE = \dfrac{7}{16} \times 4 = \dfrac{7}{4}$（cm²）

5(1)　図形の対称性からEG＝FGになるから，△EGFは二等辺三角形である。したがって，3辺の長さがわかれば，三平方の定理を利用して面積を求めることができる。

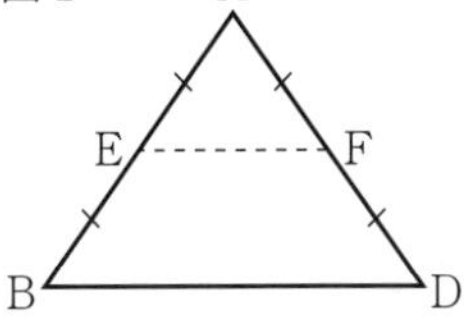

△ABDにおいて，中点連結定理より，

$EF = \dfrac{1}{2}BD = 4$（cm）

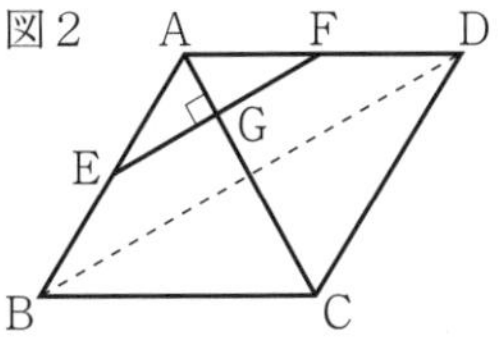

立体の表面に長さが最短になるようにかけられた糸は，展開図上で線分となる。

したがって図2のような面ABCと面ADCの展開図において，点GはEF

図1

図2

上の点となる。

図2において，2点E，FはACについて対称だから，EFとACは垂直に交わるので，∠AGE＝90°
△ABCが正三角形だから，∠BAC＝60°なので，
△AEGはAG：AE：EG＝1：2：$\sqrt{3}$の直角三角形である。AE＝$\frac{1}{2}$AB＝4（cm）だから，
EG＝$\frac{\sqrt{3}}{2}$AE＝$2\sqrt{3}$（cm）
したがって，二等辺三角形EGFにおいて，図3のように作図できる。

図3

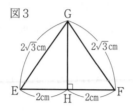

直角三角形GEHにおいて，三平方の定理より，
GH＝$\sqrt{GE^2-EH^2}$＝$\sqrt{(2\sqrt{3})^2-2^2}$＝$2\sqrt{2}$（cm）
よって，△EGF＝$\frac{1}{2}\times4\times2\sqrt{2}$＝**$4\sqrt{2}$**（cm²）

(2) (1)の解説より，∠AGE＝∠AGF＝90°だから，立体において，AGは3点E，G，Fを通る平面と垂直である。つまり，四面体AEGFの底面を△EGFとしたときの高さは，AGである。
AG＝$\frac{1}{2}$AE＝2（cm），△EGF＝$4\sqrt{2}$cm²だから，
四面体AEGFの体積は，
$\frac{1}{3}\times4\sqrt{2}\times2$＝**$\frac{8\sqrt{2}}{3}$**（cm³）

Point! 6 証明問題

基本問題 P.33～34

解答例

1 （順に）CD，∠OCD，∠ODC，1組の辺とその両端の角

2 △ABHと△ACHにおいて，
仮定より，AB＝AC……①
共通な辺だから，AH＝AH……②
AH⊥BCより，
∠AHB＝∠AHC＝90°……③
①，②，③より，直角三角形の斜辺と他の1辺がそれぞれ等しいから，
△ABH≡△ACH
よって，BH＝CH

3 △ABPと△PCBにおいて，
仮定より，∠BAP＝∠CPB＝90°……①
平行線の錯角は等しいから，AD∥BCより，
∠APB＝∠PBC……②
①，②より，2組の角がそれぞれ等しいから，
△ABP∽△PCB

4 △ABFと△DEFにおいて，
中点連結定理より，AB∥ED
平行線の錯角は等しいから，
∠ABF＝∠DEF……①
対頂角は等しいから，
∠AFB＝∠DFE……②
①，②より，2組の角がそれぞれ等しいから，
△ABF∽△DEF

5 △ABHと△ACDにおいて，
同じ弧に対する円周角は等しいから，
∠ABH＝∠ACD……①
仮定より，∠AHB＝90°……②
線分ACは円Oの直径で，半円の弧に対する円周角は90°だから，∠ADC＝90°……③
②，③より，∠AHB＝∠ADC……④

①，④より，２組の角がそれぞれ等しいから，
△ＡＢＨ∽△ＡＣＤ

6 △ＡＢＣと△ＡＥＤにおいて，
ＡＢ：ＡＥ＝９：６＝３：２
ＡＣ：ＡＤ＝１２：８＝３：２より，
ＡＢ：ＡＥ＝ＡＣ：ＡＤ……①
共通な角だから，∠ＢＡＣ＝∠ＥＡＤ……②
①，②より，２組の辺の比とその間の角がそれ
ぞれ等しいから，△ＡＢＣ∽△ＡＥＤ

解説

1 ２つの三角形の等しい
とわかる辺や角に同じ印
をつけ，「１組の辺とそ
の両端の角がそれぞれ等

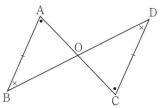

しい」「２組の辺とその間の角がそれぞれ等しい」「３
組の辺がそれぞれ等しい」という三角形の合同条件の
うち，どれを満たすかを考える。ここでは図のように，
「１組の辺とその両端の角がそれぞれ等しい」という条
件を満たす。

2 △ＡＢＨ≡△ＡＣＨであること
が証明できれば，ＢＨ＝ＣＨが証
明できる。△ＡＢＨと△ＡＣＨは
ともに直角三角形だから，「斜辺
と１つの鋭角がそれぞれ等しい」

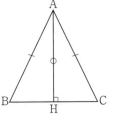

「斜辺と他の１辺がそれぞれ等しい」という直角三角形
の合同条件，または三角形の合同条件のうち，どれを
満たすかを考える。
ここでは図のように，「斜辺と他の１辺がそれぞれ等し
い」という直角三角形の合同条件を満たす。

3 ２つの三角形が相似で
あることを証明する問題
では，はじめに「２組の
角がそれぞれ等しい」と

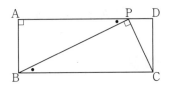

いう相似条件を用いて証明することを考える。その条
件を用いることができなければ，「２組の辺の比とそ
の間の角がそれぞれ等しい」という条件と，「３組の辺
の比がすべて等しい」という条件のうち，どちらの条

件を用いればよいかを考える。

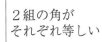

| ２組の角が
それぞれ等しい | → | ２組の辺の比とその間の角が
それぞれ等しい |
| | → | ３組の辺の比がすべて等しい |

ここでは，「２組の角がそれぞれ等しい」という条件を
満たす。

4 解答例では，
中点連結定理から
ＡＢ∥ＥＤであることを
導き，平行線の錯角から
∠ＡＢＦ＝∠ＤＥＦを導
いている。

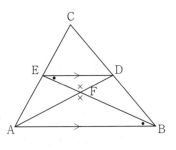

∠ＡＢＦ＝∠ＤＥＦ，∠ＢＡＦ＝∠ＥＤＦ，
∠ＡＦＢ＝∠ＤＦＥのうち，２つを導くことができれ
ば，２組の角がそれぞれ等しいことから，
△ＡＢＦ∽△ＤＥＦを証明することができる。

5 **3**，**4**と同様に，「２組の角
がそれぞれ等しい」という条件
を満たす。

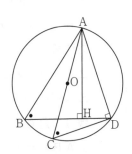

6 △ＡＢＣのうちの２辺の長さと，△ＡＥＤのうちの
２辺の長さがわかっていて，∠ＢＡＣと∠ＥＡＤが共
通な角である。したがって，**3**，**4**，**5**とは異なり，
「２組の辺の比とその間の角がそれぞれ等しい」という
条件を用いて証明する。

解答例

1. △ABDと△ACEにおいて，

仮定より，AB＝AC……①

AD＝AE……②

また，∠BAD＝90°－∠CAD……③

∠CAE＝90°－∠CAD……④

③，④より，∠BAD＝∠CAE……⑤

①，②，⑤より，2組の辺とその間の角がそれぞれ等しいから，△ABD≡△ACE

2. △ABFと△EDFにおいて，

平行四辺形の対辺は等しいから，AB＝DC

折り返すと重なるからDE＝DCなので，

AB＝ED……①

平行四辺形の対角は等しいから，

∠BAF＝∠DCB

折り返すと重なるから∠DEF＝∠DCBなので，

∠BAF＝∠DEF……②

対頂角は等しいから，

∠AFB＝∠EFD……③

三角形の内角の和は180°だから，②，③より，

残りの角も等しいので，

∠ABF＝∠EDF……④

①，②，④より，1組の辺とその両端の角がそれぞれ等しいから，△ABF≡△EDF

3. △CAEと△BCDにおいて，

△ABCは正三角形だから，CA＝BC……①

∠ACE＝∠CBD＝60°……②

また，∠DCA＋∠BCD＝60°……③

三角形の1つの外角はこれととなり合わない2つの内角の和に等しいから，△AFCにおいて，

∠FCA＋∠CAF＝60°より，

∠DCA＋∠CAE＝60°……④

③，④より，∠CAE＝∠BCD……⑤

①，②，⑤より，1組の辺とその両端の角がそれぞれ等しいから，△CAE≡△BCD

よって，AE＝CD

4. △SPRと△TQCにおいて，

平行四辺形の対角は等しいから，

∠BAP＝∠TCQ

折り返すと重なるから∠SRP＝∠BAPなので，

∠SRP＝∠TCQ……①

対頂角は等しいから，

∠PSR＝∠TSD……②

三角形の1つの外角はこれととなり合わない2つの内角の和に等しいから，△SDTにおいて，

∠TSD＋∠SDT＝∠STQ＋∠QTC…③

平行四辺形の対角は等しいから，

∠SDT＝∠ABQ

折り返すと重なるから∠STQ＝∠ABQより，

∠SDT＝∠STQ……④

③，④より，∠TSD＝∠QTC……⑤

②，⑤より，∠PSR＝∠QTC……⑥

①，⑥より，2組の角がそれぞれ等しいから，

△SPR∽△TQC

5. △ABFと△GDCにおいて，

線分BCは円Oの直径で，半円の弧に対する円周角は90°だから，∠BAF＝90°

AC⊥DEより，∠DGC＝90°

したがって，∠BAF＝∠DGC……①

△OBEはOB＝OEの二等辺三角形だから，

∠CBE＝∠DEB……②

同じ弧に対する円周角は等しいから，

∠CDE＝∠CBE……③

②，③より∠CDE＝∠DEBで，錯角が等しいから，EB∥CD

平行線の同位角は等しいから，

∠AFB＝∠GCD……④

①，④より，2組の角がそれぞれ等しいから，

△ABF∽△GDC

解説

1. AB＝AC，

AD＝AEであることは仮定から簡単に導くことができる。

∠BAD＝∠CAEは，

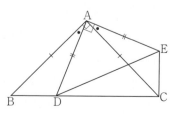

∠ＢＡＣと∠ＤＡＥが同じ角度で，ともに∠ＣＡＤを含むことから導くことができる。

2 解答例では，
∠ＡＢＦ＝∠ＥＤＦを
導くために三角形の内
角の和を利用したが，
以下のように，円周角
の定理の逆を利用して
導くこともできる。

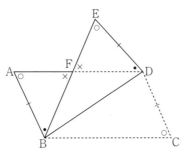

「∠ＢＡＦ＝∠ＤＥＦ……②」を導いたあとに，
「②から，円周角の定理の逆より，４点Ａ，Ｂ，Ｄ，
Ｅは同一円周上にある。したがって，同じ弧に対する
円周角は等しいから，∠ＡＢＦ＝∠ＥＤＦ」
また，解答例において３つの内角がそれぞれ等しいこ
とを導いたが，以下のようにＢＦ＝ＤＦとＡＦ＝ＥＦ
も導くことができる。
「平行線の錯角は等しいから，ＡＤ／／ＢＣより，
∠ＦＤＢ＝∠ＣＢＤ
折り返すと重なるから∠ＦＢＤ＝∠ＣＢＤなので，
∠ＦＤＢ＝∠ＦＢＤ……(i)
(i)より，△ＦＢＤは二等辺三角形なので，
ＢＦ＝ＤＦ……(ii)
平行四辺形の対辺は等しいから，ＡＤ＝ＢＣ
折り返すと重なるからＢＥ＝ＢＣなので，
ＡＤ＝ＢＥ……(iii)
(ii)，(iii)より，ＡＦ＝ＥＦ」
つまり，△ＡＢＦと△ＥＤＦにおいて，３組の辺と３
つの内角がそれぞれ等しいことを導けるので，どの合
同条件でも△ＡＢＦ≡△ＥＤＦを証明することができ
る。

3 △ＡＢＥ≡△ＣＡＤを導く
方法で，ＡＥ＝ＣＤであるこ
とを証明すると，次のように
なる。

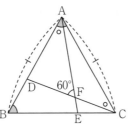

「△ＡＢＥと△ＣＡＤにおいて，
△ＡＢＣは正三角形であるから，
ＡＢ＝ＣＡ……①
∠ＡＢＥ＝∠ＣＡＤ＝60°……②
また，∠ＥＡＢ＝60°－∠ＣＡＦ……③

三角形の１つの外角はこれととなり合わない２つの内
角の和に等しいから，△ＡＦＣにおいて，
∠ＦＣＡ＝60°－∠ＣＡＦより，
∠ＤＣＡ＝60°－∠ＣＡＦ……④
③，④より，∠ＥＡＢ＝∠ＤＣＡ……⑤
①，②，⑤より，１組の辺とその両端の角がそれぞれ
等しいから，△ＡＢＥ≡△ＣＡＤ
よって，ＡＥ＝ＣＤ」

4 解答例では，
∠ＰＳＲ＝∠ＱＴＣ
を導いたが，これの
代わりに，以下のよ
うに∠ＲＰＳ＝∠ＣＱＴを導くこともできる。

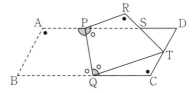

「折り返すと重なるから，
∠ＲＰＱ＝∠ＡＰＱ……(i)，
∠ＴＱＰ＝∠ＢＱＰ……(ii)
平行線の錯角は等しいから，ＡＤ／／ＢＣより，
∠ＰＱＣ＝∠ＡＰＱ……(iii)，
∠ＳＰＱ＝∠ＢＱＰ……(iv)
(i)，(iii)より，∠ＲＰＱ＝∠ＰＱＣ……(v)
(ii)，(iv)より，∠ＳＰＱ＝∠ＴＱＰ……(vi)
(v)，(vi)より，∠ＲＰＳ＝∠ＣＱＴ」

5 解答例では，
∠ＡＦＢ＝∠ＧＣＤを導いた
が，これの代わりに，以下の
ように∠ＡＢＦ＝∠ＧＤＣを
導くこともできる。

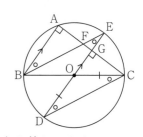

「∠ＢＡＦ＝∠ＤＧＣより同位角が等しいから，
ＡＢ／／ＥＤ
平行線の錯角は等しいから，
∠ＡＢＦ＝∠ＤＥＢ……(i)
同じ弧に対する円周角は等しいから，
∠ＤＥＢ＝∠ＤＣＢ……(ii)
△ＯＣＤはＯＣ＝ＯＤの二等辺三角形だから，
∠ＤＣＢ＝∠ＧＤＣ……(iii)
(i)，(ii)，(iii)より，∠ＡＢＦ＝∠ＧＤＣ」

Point! 7 確率

基本問題 P.39〜40

解答例

1 (1) $\dfrac{5}{36}$　(2) $\dfrac{1}{9}$　(3) $\dfrac{7}{18}$

2 6

3 $\dfrac{2}{3}$

4 $\dfrac{3}{10}$

5 $\dfrac{1}{3}$

6 $\dfrac{8}{9}$

解説

1 (1) 2つのさいころの目の出方は全部で，
$6^2 = 36$（通り）
出た目の数の和が6になる目の出方は右の表の〇印の5通り。
よって，求める確率は，$\dfrac{5}{36}$

		小					
		1	2	3	4	5	6
大	1					〇	
	2				〇		
	3			〇			
	4		〇				
	5	〇					
	6						

(2) (1)と同様に，2つのさいころの目の出方は全部で36通り。
出た目の数の積が12になる目の出方は右の表の〇印の4通り。
よって，求める確率は，$\dfrac{4}{36} = \dfrac{1}{9}$

		小					
		1	2	3	4	5	6
大	1						
	2						〇
	3				〇		
	4			〇			
	5						
	6		〇				

(3) (1)と同様に，2つのさいころの目の出方は全部で36通り。
小さいさいころの出た目の数が大きいさいころの出た目の数の約数になる目の出方は右の表の〇印の14通り。
よって，求める確率は，$\dfrac{14}{36} = \dfrac{7}{18}$

		小					
		1	2	3	4	5	6
大	1	〇					
	2	〇	〇				
	3	〇		〇			
	4	〇	〇		〇		
	5	〇				〇	
	6	〇	〇	〇			〇

2 偶数は，一の位が偶数の整数である。この問題では，4枚のカードに書かれた数字のうち偶数は2だけだから，一の位は必ず2になる。
千の位から順に数字を決めていくと，千の位に使える数字は2を除く3通り。百の位に使える数字は千の位の数字と2を除く2通り。十の位に使える数字は残った数字の1通り。
よって，偶数は全部で $3 \times 2 \times 1 = $ **6**（個）できる。

3

$1 \Big\langle \begin{smallmatrix} 3 \ 〇 \\ 5 \ 〇 \\ 7 \ 〇 \end{smallmatrix}$　　$3 \Big\langle \begin{smallmatrix} 5 \ 〇 \\ 7 \end{smallmatrix}$　　$5 — 7$

上の樹形図より，カードの取り出し方は全部で，
$3 + 2 + 1 = 6$（通り）
2枚のカードに書いてある数の和が1けたの数になる取り出し方は〇印の4通り。
よって，求める確率は，$\dfrac{4}{6} = \dfrac{2}{3}$

4

$1 \Big\langle \begin{smallmatrix} 2 \\ 3 \ 〇 \\ 4 \\ 5 \end{smallmatrix}$　　$2 \Big\langle \begin{smallmatrix} 3 \\ 4 \\ 5 \end{smallmatrix}$　　$3 \Big\langle \begin{smallmatrix} 4 \\ 5 \ 〇 \end{smallmatrix}$　　$4 — 5$

上の樹形図より，玉の取り出し方は全部で，
$4 + 3 + 2 + 1 = 10$（通り）
2個の玉に書いてある数の積が奇数になる取り出し方は〇印の3通り。
よって，求める確率は，$\dfrac{3}{10}$

5

$A \Big\langle \begin{smallmatrix} B \ 〇 \\ C \\ D \\ E \\ F \end{smallmatrix}$　$B \Big\langle \begin{smallmatrix} C \ 〇 \\ D \ 〇 \\ E \ 〇 \\ F \ 〇 \end{smallmatrix}$　$C \Big\langle \begin{smallmatrix} D \\ E \\ F \end{smallmatrix}$　$D \Big\langle \begin{smallmatrix} E \\ F \end{smallmatrix}$　$E — F$

上の樹形図より，2人の当番の選ばれ方は全部で，
$5 + 4 + 3 + 2 + 1 = 15$（通り）
Bが当番に選ばれるのは〇印の5通り。
よって，求める確率は，$\dfrac{5}{15} = \dfrac{1}{3}$

6 同じ色の玉は区別して考える。2個の赤玉を赤$_1$，赤$_2$とする。

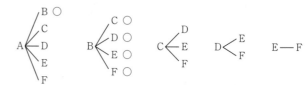

上の樹形図より，玉の取り出し方は全部で，
$3 + 3 + 3 = 9$（通り）
2回とも白玉が出る取り出し方は〇印の1通り。
つまり，2回とも白玉が出る確率は $\dfrac{1}{9}$ だから，
少なくとも1回は赤玉が出る確率は，$1 - \dfrac{1}{9} = \dfrac{8}{9}$

解答例

① 52

② 18

③ $\dfrac{1}{3}$

④ $\dfrac{5}{18}$

⑤ (1) 1 , 6　　(2) 6　　(3) $\dfrac{5}{18}$

⑥ (1) 12　(2) $\dfrac{2}{3}$

解説

① 偶数は，一の位が偶数の整数である。

(ⅰ)　一の位の数字が 0 のとき

百の位から順に数字を決めていくと，百の位に使える数字は 0 を除く 5 個，十の位に使える数字は 0 と百の位の数字を除く 4 個だから，$5 \times 4 = 20$（個）できる。

(ⅱ)　一の位の数字が 2 のとき

百の位から順に数字を決めていくと，百の位に使える数字は 0 と 2 を除く 4 個，十の位に使える数字は百の位の数字と 2 を除く 4 個だから，$4 \times 4 = 16$（個）できる。

(ⅲ)　一の位の数字が 4 のとき

(ⅱ) と同様に 16 個できる。

(ⅰ), (ⅱ), (ⅲ) より，偶数は全部で $20 + 16 \times 2 = $ **52**（個）できる。

②

$$A\!\!\begin{array}{c}\diagup B\\-C\\\diagdown D\end{array}\qquad B\!\!\begin{array}{c}\diagup C\\\diagdown D\end{array}\qquad C\!-\!D$$

上の樹形図より，男子 4 人から 2 人を選ぶ方法は全部で，$3 + 2 + 1 = 6$（通り）

女子 3 人から 1 人を選ぶ方法は全部で 3 通り。

よって，男子 2 人，女子 1 人を選ぶ方法は，

$6 \times 3 = $ **18**（通り）

③ 同じ数字が書かれているカードは区別して考える。

1 が書かれた 2 枚のカードを 1_A，1_B とし，2 が書かれた 3 枚のカードを 2_A，2_B，2_C とする。

上の樹形図より，カードの取り出し方は全部で，

$5 + 4 + 3 + 2 + 1 = 15$（通り）

2 枚のカードに書かれた数の和が 4 になる取り出し方は〇印の 5 通り。

よって，求める確率は，$\dfrac{5}{15} = \dfrac{1}{3}$

④ 2 つのさいころの目の出方は全部で，$6^2 = 36$（通り）

点 P が頂点 B で止まる出方は，大きい方の数が 2 または 5 のときである。

点 P が頂点 B で止まるような目の出方は右の表の〇印の 10 通り。

よって，求める確率は，

$\dfrac{10}{36} = \dfrac{5}{18}$

	白					
青＼	1	2	3	4	5	6
1		〇			〇	
2	〇				〇	
3					〇	
4					〇	
5	〇	〇	〇	〇		
6						

⑤(1)　点 P が点 B に止まるのは，小さいさいころの目が大きいさいころの目より 5 大きいときだから，目の出方は，〔**1 , 6**〕

(2)　大小 2 つのさいころの出た目の数が同じとき，点 P は原点 O に止まる。

そのような出方は，〔1 , 1〕〔2 , 2〕〔3 , 3〕〔4 , 4〕〔5 , 5〕〔6 , 6〕の **6** 通りある。

(3)　2 つのさいころの目の出方は全部で，$6^2 = 36$（通り）

点 P が 2 以上の点に止まる目の出方は右の表の〇印の 10 通り。

よって，求める確率は，$\dfrac{10}{36} = \dfrac{5}{18}$

	小					
大＼	1	2	3	4	5	6
1						
2						
3	〇					
4	〇	〇				
5	〇	〇	〇			
6	〇	〇	〇	〇		

6 (1) 女子の走る順番を（1番目に走る人，3番目に走る人，5番目に走る人）で表すと，Aが1番目に走る場合は（A，B，C）（A，C，B）の2通り。

男子の走る順番を〔2番目に走る人，4番目に走る人，6番目に走る人〕で表すと，

〔D，E，F〕〔D，F，E〕〔E，D，F〕

〔E，F，D〕〔F，D，E〕〔F，E，D〕の6通り。

よって，Aが1番目に走ることになる場合は全部で，2×6＝**12**（通り）

(2) 走る順番の決め方は，女子，男子とも，それぞれ6通りずつあるので，全部で6×6＝36（通り）ある。

Aが1番目に走る場合は，Dが何番目に走ることになってもAが先に走ることになり，このような場合は，(1)より12通りある。

Aが3番目に走り，Dが4番目に走る場合，他の女子，男子の走る順番はそれぞれ2通りあるから，

2×2＝4（通り）

Aが3番目に走り，Dが6番目に走る場合も同様に4通り。

Aが5番目に走り，Dが6番目に走る場合も同様に4通り。

よって，求める確率は，$\dfrac{12+4+4+4}{36}=\dfrac{24}{36}=\dfrac{2}{3}$

Point! 8 データの活用

基本問題 P.45〜46

解答例

1 26

2 ア…135　最頻値…105

3 (1)0.45　(2)0.8　(3)25.2

4 (1)第1四分位数…41　第2四分位数…59

第3四分位数…80

(2)範囲…88　四分位範囲…39

(3)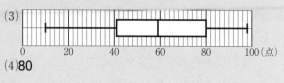

(4)80

5 ウ

解説

1 6人の記録を小さい方から順に並べると，

18，23，24，28，31，38

真ん中にくる2つの値は3番目の24と4番目の28だから，中央値は，$\dfrac{24+28}{2}=$ **26**（m）

2 アは120と150の中央の値だから，$\dfrac{120+150}{2}=$ **135**

度数の最も大きい階級は90分以上120分未満の階級だから，最頻値はその階級の階級値の$\dfrac{90+120}{2}=$ **105**（分）である。

3 (1) $\dfrac{（24\text{kg以上}28\text{kg未満の度数}）}{（度数の合計）}=\dfrac{9}{20}=$ **0.45**

(2) 28kg未満の累積度数は，2＋5＋9＝16（人）

よって，求める累積相対度数は，

$\dfrac{（累積度数）}{（度数の合計）}=\dfrac{16}{20}=$ **0.8**

(3) 24kg以上28kg未満の階級の階級値の26kgを仮の平均とする。表にまとめると下のようになるから，「仮の平均との差」の平均は，（－16）÷20＝－0.8

よって，平均値は，26－0.8＝**25.2**（kg）

階級(kg)		階級値(kg)	仮の平均との差(kg)	度数(人)	（仮の平均との差）×（度数）
以上	未満				
16	〜 20	18	－ 8	2	－ 16
20	〜 24	22	－ 4	5	－ 20
24	〜 28	26	± 0	9	0
28	〜 32	30	＋ 4	3	＋ 12
32	〜 36	34	＋ 8	1	＋ 8
計				20	－ 16

4(1) 30個のデータの中央値は，30÷2＝15より，小さい方（または大きい方）から15番目と16番目のデータの平均である。15番目は58点，16番目は60点だから，第2四分位数（中央値）は，$\frac{58+60}{2}=59$（点）

全体を中央値で半分に分けたとき，下位のデータは小さい方から1番目から15番目，上位のデータは小さい方から16番目から30番目である。15個のデータの中央値は小さい方（または大きい方）から8番目だから，第1四分位数は小さい方から8番目の**41**点，第3四分位数は大きい方から8番目の**80**点である。

(2) （範囲）＝（最大値）－（最小値）＝98－10＝**88**（点）
（四分位範囲）＝（第3四分位数）－（第1四分位数）＝80－41＝**39**（点）

(3) 最小値は10点，最大値は98点，第1四分位数は41点，第2四分位数は59点，第3四分位数は80点である。

(4) データの総数が31個になるので，第2四分位数（中央値）は小さい方から16番目の60点となる。中央値を除いて全体を下位と上位に分けたとき，上位のデータは小さい方から17番目から31番目の15個ある。したがって，第3四分位数は大きい方から8番目のデータである**80**点のまま変わらない。

5 ア．箱ひげ図から平均値は読み取れないので，正しくない。

イ．箱ひげ図からデータの個数は読み取れないので，正しくない。

ウ．Aの範囲は，166－62＝104（g），Bの範囲は，164－78＝86（g）だから，正しい。

エ．Aの第2四分位数は125g，Bの第2四分位数は111gだから，正しくない。

応用問題 P.47〜48

解答例

1 ア，ウ

2 (1)ア．**5**　イ．**60**　(2)**33.5**

3 (1)**4**　(2)**0.5**　(3)**5，6**

4 (1)**20，30**

(2)**中央値は20分以上30分未満の階級に含まれるから，教子さんの通学時間である19分は中央値よりも小さい。よって，中央の人の通学時間より教子さんの通学時間は短いから。**

解説

1 ア．20個のデータの中央値は，20÷2＝10より，小さい方（または大きい方）から10番目と11番目のデータの平均である。10番目と11番目はともに，8m以上12m未満の階級に含まれるから，平均値である12.2mよりも小さいので，正しい。

イ．最頻値は，度数の最も大きい8m以上12m未満の階級の階級値の$\frac{8+12}{2}=10$（m）であり，平均値12.2mよりも小さいので，正しくない。

ウ．記録が12m未満の生徒は5＋6＝11（人），全体の半数は10人だから，正しい。

エ．記録が16m以上の生徒は，3＋2＝5（人）これは全体の$\frac{5}{20}\times100=25$（％）であり，20％ではないから，正しくない。

2(1)

階級（点）		度数（人）
以上　　未満		
0 〜 10	一	1
10 〜 20	正	4
20 〜 30	下	3
30 〜 40	正	5
40 〜 50	下	3
50 〜 60	正	4

表1のような資料をいくつかの階級に分け，度数を調べるとき，表1の資料を1つ1つ確認しながら正の字を書いていくように調べると，間違いも少なく，効率よく調べることができる。このように調べると，ア＝**5**であることがわかる。

10点以上20点未満の階級の階級値は15点だから，
イ＝15×4＝**60**

(2) それぞれの階級について，（階級値）×（度数）の値を求めると，

0点以上10点未満は，$5 \times 1 = 5$

10点以上20点未満は，60

20点以上30点未満は，75

30点以上40点未満は，$35 \times 5 = 175$

40点以上50点未満は，$45 \times 3 = 135$

50点以上60点未満は，$55 \times 4 = 220$

これらを合計すると，

$5 + 60 + 75 + 175 + 135 + 220 = 670$

表2の度数分布表を完成させたものが下の表である。

階級（点）		階級値（点）	度数（人）	（階級値）×（度数）
以上	未満			
0	～ 10	5	1	5
10	～ 20	15	4	60
20	～ 30	25	3	75
30	～ 40	35	5	175
40	～ 50	45	3	135
50	～ 60	55	4	220
計			20	670

求める平均値は，$\dfrac{670}{20} = \mathbf{33.5}$（点）

③(1) $6 - 2 = \mathbf{4}$（冊）

(2) 34個のデータの中央値は，$34 \div 2 = 17$より，小さい方（または大きい方）から17番目と18番目のデータの平均である。第2四分位数（中央値）が4.5冊で，わかっている33個のデータでは，小さい方から17番目が4冊，18番目が5冊だから，なくしたデータが4冊以下だと，第2四分位数は4冊になってしまう。したがって，なくしたデータは5冊以上である。よって，4冊以下の累積度数は全体の半分の17人だから，累積相対度数は，$\dfrac{17}{34} = \mathbf{0.5}$

(3) (2)の解説より，なくしたデータは5冊以上である。また，34個のデータを半分に分けたときの上位の部分は，小さい方から18番目から34番目の17個のデータだから，第3四分位数は，大きい方から9番目のデータである。第3四分位数が6冊であり，なくしたデータが7冊以上だと大きい方から9番目が7冊になってしまうから，なくしたデータは6冊以下である。

よって，なくしたデータは5冊または6冊である。

④(1) 121個のデータの中央値は，$121 \div 2 = 60$余り1より，小さい方（または大きい方）から61番目のデータである。

通学時間が20分未満の人は$42 + 17 = 59$（人），30分未満の人は$59 + 39 = 98$（人）だから，中央値は20分以上30分未満の階級に含まれる。

(2) データの活用の記述問題で最もよく出題されるのは，平均値と中央値の違いを理解した上で，適切に利用できるかを問う問題である。自分のデータが全体の中でどのくらいの位置にあるのかを調べるには，平均値よりも中央値の方が適している。平均値は極端なデータ（極端に小さい値や極端に大きい値）の影響を受けやすいので，扱いに注意が必要である。

Point! 9 数の規則性と文字式

基本問題 P.51〜52

解答例

1. (1)38　(2)$7n-4$
2. (1)7　(2)$2n-1$　(3)n^2
3. (1)ア. 4　イ. 12　ウ. 16
   (2)エ. 10　オ. 120　カ. $\dfrac{a}{2}$　キ. $6a$

解説

1(1) 左から3番目の数は，1段目が3であり，その後は7ずつ大きくなっているから，6段目は，
$3+7(6-1)=$**38**

(2) (1)より，$3+7(n-1)=$**$7n-4$**

2(1) 加えたタイルの枚数をまとめると右表のようになる。

1番目	2番目	3番目	…
1枚	3枚	5枚	…

これらは最初の1枚から2枚ずつ増えているから，4番目で加えたタイルの枚数は，
$1+2(4-1)=$**7**(枚)

(2) (1)より，n番目で加えたタイルの枚数は，
$1+2(n-1)=$**$2n-1$**(枚)
または，(3)で答えるように，n番目のタイルの総数がn^2枚とわかれば，$(n-1)$番目は$(n-1)^2$枚と表せるから，n番目で加えたタイルの枚数は，
$n^2-(n-1)^2=$**$2n-1$**(枚)と求めることもできる。

(3) タイルの総数をまとめると右表のようになる。

1番目	2番目	3番目	…
1枚	4枚	9枚	…

これらの枚数の差は一定ではない。
2乗の数で考えると，1番目は$1=1^2$(枚)，2番目は$4=2^2$(枚)，3番目は$9=3^2$(枚)となっており，n番目は**n^2**枚とわかる。

3(1) Aの体積は，$2\times2\times1=4$(cm³)
Bの体積は，$2\times2\times2=8$(cm³)
ア＝**4**　イ＝ア＋8＝**12**
ウ＝イ＋4＝**16**

(2) エ＝$20\div2=$**10**
C1個の体積は12cm³だから，オ＝$12\times10=$**120**
2番目の直方体はC1個，4番目の直方体はC2個，6番目の直方体はC3個，…20番目の直方体はC10個を重ねたものという規則性から，aを偶数とすると，a番目の直方体はCを$\dfrac{a}{2}$個重ねて作った直方体であることがわかる。
よって，カ＝**$\dfrac{a}{2}$**，キ＝$12\times\dfrac{a}{2}=$**$6a$**

解答

1　(1)12　　(2)39
　　(3)① $2a-3$　② $a=32$　$b=29$
2　(1)14　　(2) $2n+2$　　(3)20　　(4)110

解説

1(1)　7番目の表は右の
ようになる。よって，
上段の右端から2番目の数は，**12**

7番目

1	4	5	8	9	12	13
2	3	6	7	10	11	14

(2)　10番目の表の最大の数は，$10 \times 2 = 20$
　　9番目の表の最大の数は，$9 \times 2 = 18$
　　よって，9番目にはなく10番目にある数は19と20だ
　　から，求める値は，$19 + 20 = \mathbf{39}$

(3)①　a番目の表の最大の数は$2a$である。偶数番目
　　の表では，最大の数は上段の右端のマスにあるか
　　ら，a番目の表は下のようになる。

a番目

1	…	$2a-3$	$2a$
2	…	$2a-2$	$2a-1$

　　よって，上段の右端から2番目にある数は，
　　$2a-3$

②　b番目の表の最大の数は$2b$である。奇数番目
　　の表では，最大の数は下段の右端のマスにあるか
　　ら，b番目の表は下のようになる。

b番目

1	…	$2b-2$	$2b-1$
2	…	$2b-3$	$2b$

　　b番目の表で上段の右端から2番目にある
　　$2b-2$よりも，$2a-3$の方が5だけ大きいの
　　だから，$2b-2+5 = 2a-3$より，$a = b+3$
　　したがって，a番目の表とb番目の表を重ねる
　　と，下のようになる。

1	…	$2b-2$	$2b-1$	$2a-4$	$2a-3$	$2a$
2	…	$2b-3$	$2b$	$2a-5$	$2a-2$	$2a-1$

　　　　　　　　└─ b個 ─┘
　　　　└──── a個 ────┘

　　b番目にはなくa番目にある数は，$2a-5$から
　　$2a$までの連続する自然数で，これらの和が369
　　だから，

$(2a-5)+(2a-4)+(2a-3)$
　　$+(2a-2)+(2a-1)+2a=369$

これを解くと，$a = \mathbf{32}$

$a = b+3$に$a = 32$を代入すると，$b = \mathbf{29}$となる。

2(1)　3番目の図形の横の太い線
の長さの和は，一番下の段の
下の辺（右図の点線で囲んだ
部分）の長さの2倍だから，
ア$= 7 \times 2 = \mathbf{14}$

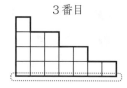
3番目

(2)　縦の太い線の長さの和は，最も下の段の両端にあ
る2枚のシールに注目すると，2cmずつ増えている
ことがわかる。1番目は4cmで，2cmずつ増えてい
るから，n番目は，$4 + 2(n-1) = \mathbf{2n+2}$（cm）

(3)　縦の細い線の長さの和は，前後の図形で差が一定
ではない。また，2乗の数を使って表すのも難しい。
したがって，図形の作り方から規則性を探す。
1〜3番目の図形の縦の細い線について，下図の点
線で囲んだ部分で分けて考える。

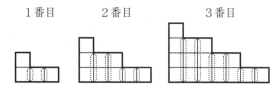

縦の細い線の長さの和は，1番目の図形では，
$1 \times 2 = 2$（cm）
2番目の図形では，
$1 \times 2 + 2 \times 2 = (1+2) \times 2 = 6$（cm）
3番目の図形では，
$1 \times 2 + 2 \times 2 + 3 \times 2 = (1+2+3) \times 2 = 12$（cm）
したがって，n番目の図形では，
$(1+2+3+\cdots+n) \times 2$（cm）である。
よって，4番目の図形では，
$(1+2+3+4) \times 2 = \mathbf{20}$（cm）

(4)　横の細い線の長さの和は，前後の図形で差が一定
ではないから，2乗の数を使って表すことを考える。
1番目は，$1 = 1^2$（cm）
2番目は，$4 = 2^2$（cm）
3番目は，$9 = 3^2$（cm）

したがって，n 番目では n^2cm である。

横の細い線の長さの和が100cmの図形を a 番目とすると，$a^2 = 100$ より $a = \pm 10$ であり，a は自然数だから，$a = 10$

10番目の図形の縦の細い線の長さの和は，(3)の解説より，$(1 + 2 + 3 + \cdots + 10) \times 2 = 55 \times 2 = \mathbf{110}$(cm)

理　科

Point! 1 物理分野①

基本問題 P.2

解答例

1 (1)入射角…d　屈折角…b

(2)現象…全反射　記号…イ

2

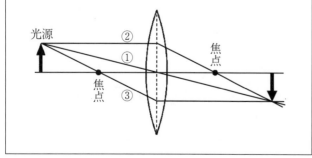

3 (1)ア　(2)ア　(3)イ，ウ

解説

1(1)　光があたった面に対する垂線とそれぞれの光との間にできる角が，**入射角**や**屈折角**である。なお，cは反射角であり，入射角と反射角は常に等しくなる（**反射の法則**）。

(2)　光が水から空気に進むとき，境界面で屈折する。このとき，空気中にできる屈折角は水中にできる入射角よりも大きくなる。このため，入射角を大きくしていくと，屈折角もさらに大きくなっていき，やがて光が空気中に出ていかず，水面ですべて反射する**全反射**が起こる。したがって，光源装置を動かす向きは，入射角が大きくなるイの向きである。

2　次の3つの代表的な光の進み方を覚えておこう。

①凸レンズの中心を通る光は，そのまま直進する。
②光軸に平行に進む光は，凸レンズで屈折して反対側の焦点を通る。
③手前の焦点を通った光は，凸レンズで屈折して光軸に平行に進む。

この問題では，**実像**ができたスクリーンの位置がわかっているから，①～③の中の1つを作図すれば，その光とスクリーンとの交点に光源の先端の実像ができることがわかる（解答例では①を使っているが，②か③，または複数の光が作図されていてもよい）。実像は光源と上下左右が反対になるから，スクリーン上で光軸から作図してできた交点に向かって矢印をかけばよい。

3(1)　音の高低は**振動数**に着目する。オシロスコープの波形では，波の数が最も少ない（振動数が最も少ない）アが，最も低い音の波形である。

(2)　音の大小は**振幅**に着目する。オシロスコープの波形では，波の高さが最も高い（振幅が最も大きい）アが，最も大きい音の波形である。

(3)　同じ音さによる音は同じ高さになる。したがって，オシロスコープの波形では，波の数が同じ（振動数が同じ）イとウが，同じ音さによる音の波形である。なお，イとウでは，イの方が振幅が大きい（音が大きい）から，イの方が音さを強くたたいたときの音の波形だとわかる。

その他の重要語句の説明

乱反射…でこぼこしている面に光があたると，（場所によって入射角が異なるために）反射光がいろいろな方向に進む現象。

光ファイバー…細いガラス管の中を光が何回も全反射をくり返して進むことを利用した伝送路。胃カメラなどの内視鏡や，光通信などに使われている。

プリズム…ガラスなどでできた三角柱などの多面体。太陽の光のようにいろいろな色が混ざった光を入射させると，色ごとに分けることができる。これは，それぞれの色の光が異なる角度で屈折するためである。

Point! 2 物理分野②

基本問題 P.4

解答例

1 (1)フックの法則 (2)1.5 (3)エ (4)ア

2 (1)2500 (2)エ (3)A

解説

1(1)(2) 図2より，力の大きさが0.3Nから2倍の0.6Nになると，ばねののびが1cmから2倍の2cmになることがわかる。このようにばねののびとばねに加えた力が比例の関係にあることを**フックの法則**という。したがって，ばねののびが1cmの5倍の5cmになるのは，力の大きさが0.3Nの5倍の1.5Nのときである。

(3)(4) **つり合い**の関係と，**作用・反作用**の関係が成り立つときはどちらも次の3つの条件をすべて満たしている。

> ①2力の大きさが等しい。
> ②2力の向きが反対である。
> ③2力が一直線上にある。

3つの条件を満たしているとき，「XがZを引く力」と「YがZを引く力」は，Zに対してXとYから力がはたらくから，つり合いの関係である。これに対し，「XがYを引く力」と「YがXを引く力」は，XとYが互いに力をおよぼし合っているから，作用・反作用の関係である。したがって，「糸がおもりを引く力」とつり合いの関係にあるのは，「何かがおもりを引く力」であり，ここでは「地球がおもりを引く力（おもりにはたらく重力）」である。また，「糸がおもりを引く力」と作用・反作用の関係にあるのは，糸とおもりを入れかえた「おもりが糸を引く力」である。

2(1) 単位面積あたりにはたらく力の大きさを**圧力**という。〔圧力(Pa)＝$\dfrac{力の大きさ（N）}{力を受ける面積（㎡）}$〕で求めるが，面積の単位が㎠になる場合には，〔圧力(Pa)＝$\dfrac{力の大きさ（N）}{力を受ける面積（㎠）}×10000$〕とすると計算しやすくなる。Pの重さは200g→2N，Bの面積は2×4＝8（㎠）だから，スポンジが受ける圧力は$\dfrac{2}{8}×10000＝2500$（Pa）である。

(2) スポンジのへこみの深さは圧力に比例するから，圧力が小さい順に並んでいるものを選べばよい。圧力が力の大きさに比例し，力を受ける面積に反比例することに着目すると，力の大きさと面積が等しいBとC，EとFを下にしたときにはそれぞれ圧力が等しくなるから，アとイは誤りである。また，力の大きさが等しいDとEでは，面積が小さいDを下にしたときの方が圧力が大きくなるから，ウは誤りである。同様に考えて，AとBではAを下にしたときの方が圧力が大きくなるから，オは誤りである。なお，スポンジのへこみの深さは小さい順に，B＝C＜E＝F＜D＜Aとなる。

(3) おもりを2個重ねたときに，2個のおもりがスポンジをおす力は，どの面を下にしても200＋400＝600（g）→6Nである。したがって，面積が最も小さい面がスポンジと接しているときの圧力が最も大きく，スポンジのへこみの深さが最も大きくなる。Aの面積が2×2＝4（㎠）で最も小さく，このときの圧力は$\dfrac{6}{4}×10000＝15000$（Pa）である。

その他の重要語句の説明

弾性力…ゴムやばねのように変形したものが元に戻ろうとすることによって生じる力。

摩擦力…ふれ合っている物体の間にはたらく，物体の動きをさまたげようとする力。

垂直抗力…面に物体を置いたときに，物体が面をおす力と反対向きに面から垂直に受ける力。

重さと質量…重さとは物体にはたらく重力の大きさ，質量とは物体そのものの量である。重力が地球上の約$\dfrac{1}{6}$の月面上では，重さは地球上の約$\dfrac{1}{6}$になるが，質量は地球上と同じである。

大気圧…空気の重さによる圧力。標高が高い地点ほど，その上にある空気の量が少ないから，大気圧は小さい。

3 物理分野③

基本問題 P.6

解答例

1 (1)96　(2)ア　(3)等速直線運動

2 (1)位置エネルギー　(2)C　(3)Aと同じ高さ。

3 O

解説

1(1)　1秒間に60回打点する記録タイマーでは$\frac{1}{60}$秒ごとに点が打たれるので，ＡＢ間(12打点)の運動にかかる時間は$\frac{1}{60} \times 12 = 0.2$(秒)である。ＡＢ間の距離は$30.0 - 10.8 = 19.2$(cm)だから，ＡＢ間の平均の速さは$\frac{19.2(cm)}{0.2(s)} = 96$(cm／s)である。

(2)　速さの変化には，次の3つのパターンがある。

> ①進行方向と同じ向きに力がはたらくと，速くなる。
>
> ②進行方向と反対向きに力がはたらくと，遅くなる。
>
> ③進行方向に対して力がはたらかない，またははたらく力がつり合っていると，速さが変化しない(**等速直線運動を続ける**)。

斜面上にある台車にはたらく重力は，斜面に平行な方向と斜面に垂直な方向に分解される。斜面に平行な分力は一定の大きさではたらき続けるため，速さが一定の割合で増加するアのようなグラフになる。なお，縦軸を移動距離とした場合，斜面を下る運動では移動距離の増加する割合はだんだん大きくなっていくため，イのようなグラフになる。

(3)　水平面で台車にはたらく力は，重力と水平面からの垂直抗力であり，これらの力がつり合っているため，台車は等速直線運動を行う。なお，水平面上で台車にはたらく力は，右図のようになり，進行方向と同じ向きの力ははたらかない(進行方向と同じ向きの矢印をかかない)。

進行方向 →
垂直抗力
重力
水平面
※重力と垂直抗力の作用点は同じにしてある

2(1)　高い位置にある物体がもつエネルギーを**位置エネルギー**という。鉄球がＡからＢまで移動して，水平面からの高さが低くなると，位置エネルギーが減少する。

(2)　運動している物体がもつエネルギーを**運動エネルギー**という。摩擦や空気の抵抗を考えない場合，斜面の運動では，減少した位置エネルギーの分だけ運動エネルギーが増加する。したがって，位置エネルギーが最も小さい点であるＣで，運動エネルギーが最も大きくなる。このように位置エネルギーと運動エネルギーの和である**力学的エネルギー**は常に一定になる(**力学的エネルギーの保存**)。

(3)　鉄球は，運動エネルギーがすべて位置エネルギーに移り変わる点，つまり，手をはなしたＡと同じ高さまで上がる。

3　仕事の大きさは，加えた力の大きさと加えた力の向きに動かした距離の積で求めることができる。ここでは，米を力の向きに動かしていないから，米に対して仕事をしたとは考えない。

その他の重要語句の説明

自由落下…落下する物体の運動。摩擦や空気の抵抗を考えなければ，速さが一定の割合で増加する。

動滑車…右図(動滑車の重さは考えない)で，物体の重さは動滑車の左右のひもに等しく分かれてかかるので，ひもを引く力は250ｇ→2.5Nになるが，ひもを引く距離は物体をもち上げる距離の2倍の6ｍになるため，仕事の大きさは物体を直接もち上げたときと変わらない(仕事の原理)。

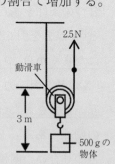

2.5N
動滑車
3ｍ
500ｇの物体

いろいろなエネルギー…電気エネルギー，熱エネルギー，化学エネルギー，音エネルギー，弾性エネルギーなどがある。

伝導…金属などに熱を加えたとき，温度の高い部分から低い部分へと熱が伝わる現象。

対流…水や空気などに熱を加えたとき，加熱部分が上に上がって循環することで熱が伝わる現象。

放射…太陽からの光のように，赤外線が空気を通り抜け，離れたところにある物体に熱が伝わる現象。

4 物理分野④

基本問題 P.8

解答例

- **1** (1)オームの法則　(2)A. 5　B. 25
- **2** (1)2.5　(2)10　(3)2.25　(4)3.3
- **3** (1)4　(2)9　(3)3240

解説

1(2)　図1から，それぞれの電圧と電流を読みとる。〔抵抗(Ω)＝$\frac{電圧(V)}{電流(A)}$〕より，Aは$\frac{3}{0.6}$＝5(Ω)，Bは$\frac{3}{0.12}$＝25(Ω)である。

2(1)　図2では，R_1とR_2が直列つなぎになっているから，どちらの抵抗器にも電流計の値である0.5Aの電流が流れる。R_1の抵抗は5Ωだから，〔電圧(V)＝抵抗(Ω)×電流(A)〕より，R_1にかかる電圧は5×0.5＝2.5(V)である。

(2)　図2では，R_1とR_2が直列つなぎになっているから，各抵抗器にかかる電圧の和が電源の電圧と等しくなる。(1)より，R_1にかかる電圧が2.5Vだから，R_2にかかる電圧は7.5－2.5＝5(V)である。したがって，R_2の抵抗は$\frac{5(V)}{0.5(A)}$＝10(Ω)である。なお，図2では，回路全体の抵抗が5＋10＝15(Ω)であり，2つの抵抗器を直列つなぎにしたときには，各抵抗器の抵抗よりも回路全体の抵抗の方が大きくなる。

(3)　図3では，R_1とR_2が並列つなぎになっているから，各抵抗器に電源の電圧と同じ電圧がかかる。R_1の抵抗は5Ω，R_2の抵抗は10Ωだから，〔電流(A)＝$\frac{電圧(V)}{抵抗(\Omega)}$〕より，R_1に流れる電流は$\frac{7.5}{5}$＝1.5(A)，R_2に流れる電流は$\frac{7.5}{10}$＝0.75(A)である。電流計の示す値は，各抵抗器に流れる電流の和と等しくなるから，1.5＋0.75＝2.25(A)である。

(4)　電源の電圧は7.5Vであり，(3)より，回路全体を流れる電流は2.25Aだから，回路全体の抵抗は$\frac{7.5(V)}{2.25(A)}$＝3.33…→3.3Ωである。また，回路全体の抵抗をR(Ω)とすると，〔$\frac{1}{R}＝\frac{1}{R_1}＋\frac{1}{R_2}$〕より，$\frac{1}{R}＝\frac{1}{5}＋\frac{1}{10}$　$\frac{1}{R}＝\frac{3}{10}$　3R＝10　R＝3.33…→3.3Ωと求めることもできる。このように，2つの抵抗器を並列つなぎにしたときには，各抵抗器の抵抗よりも回路全体の抵抗の方が小さくなる。

3(1)　$\frac{6(V)}{1.5(A)}$＝4(Ω)

(2)　〔電力(W)＝電圧(V)×電流(A)〕より，電熱線が消費する電力は6×1.5＝9(W)である。

(3)　〔熱量(J)＝電力(W)×時間(s)〕より，6分間→360秒間電流を流したとき，電熱線で発生する熱量は9×360＝3240(J)である。なお，図4の水の質量を100gとすると，1gの水の温度を1℃上昇させるのに必要な熱量は約4.2Jだから，このとき水の温度は約$\frac{3240}{4.2}×\frac{1}{100}$＝7.71…→7.7℃上昇する。さらに，電流を流す時間を2倍にすれば上昇温度も2倍になり，水の質量を2倍にすれば上昇温度は$\frac{1}{2}$倍になる。また，図4で，水を発泡ポリスチレンのカップに入れているのは，熱を逃がしにくくするためである。

その他の重要語句の説明

電流計…電流を測定する計器。測定したい部分に直列につなぐ。

電圧計…電圧を測定する計器。測定したい部分に並列につなぐ。

導体…金属のような電流が流れる物質。

絶縁体…不導体ともいう。ゴムのような電流が流れない物質。

電力量…〔電力量(J)＝電力(W)×時間(s)〕で求める。単位は熱量と同じジュール(J)の他に，ワット時(Wh)，キロワット時(kWh)などがある。電力会社はキロワット時の単位で電力量を測定し，電気料金を請求している。

基本問題 P.10

解答例

1 A. エ　B. ア　C. ウ　D. イ　E. ア
　　F. ウ

2 (1)D　　(2)小さくなる。

3 (1)電磁誘導　　(2)b　　(3)コイルの巻き数を多
　　くする。／磁力の強い棒磁石にかえる。／棒磁
　　石を速く動かす。などから1つ

解説

1 まっすぐな導線に電流を流すと，そのまわりに同心
円状の**磁界**が発生する。図1では，磁界の向きが上か
ら見て反時計回りになる。方位磁針のN極が指す向き
が磁界の向きである。また，図2では，コイルの右端
がN極(左端がS極)になる。コイルのまわりにできる
磁界の向きは，棒磁石のま
わりにできる磁界の向き
(右図)と同じように考えれ
ばよい。なお，図2のコイ
ルの中に方位磁針を置く
と，針の向きはアになる。

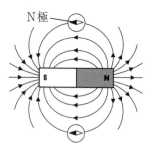

2(1)　銅線が動く向きが，**電流が磁界から受ける力**の向
　きである。図4で，U字形磁石の磁界の向きと電流
　の向きのうち，どちらか一方を反対にすると銅線が
　動く向きも反対になり，両方を反対にすると銅線が
　動く向きは変化しない。ここでは，〈実験〉のときと
　U字形磁石の磁界の向きだけを反対にしたから，銅
　線が動く向きも反対になる。

(2)　電流が磁界から受ける力が大きいほど，銅線が大
　きく動く。図4で，プラグXを左に動かすと，電熱
　線が長くなる(抵抗が大きくなる)ため，銅線に流れ
　る電流が小さくなり，電流が磁界から受ける力も小
　さくなる。

3(1)　コイルの中の磁界が変化することで電流が流れる
　現象を**電磁誘導**といい，このとき流れる電流を**誘導
　電流**という。図5では，棒磁石をコイルに近づけて
　いるが，コイルを棒磁石に近づけたときでも同様に

電磁誘導は起こる。また，棒磁石が静止すると電磁
誘導は起こらない。

(2)　N極をコイルに近づけたときの電流の向きがaで
あることから，これを基準とし，棒磁石の極の向き
と棒磁石の動かし方のどちらか一方を反対にすると
誘導電流の向きも反対になり，両方を反対にすると
誘導電流の向きは変化しないと考えればよい。ここ
では，図5のときと棒磁石の極の向きだけを反対に
したから，誘導電流の向きも反対になる。

(3)　問題文に「装置を変えずに」というような条件があ
るときには，解答例のうち「棒磁石を速く動かす。」
だけが正答となることに注意しよう。

その他の重要語句の説明

放射線…放射線は目に見えず，物体を通り抜ける性
　質や，物質を変質させる性質がある。X線，α
　線，β線，γ線などがあり，医療分野(レントゲ
　ン，がん治療)，工業分野(手荷物検査，品質改良)，
　農業分野(品種改良，害虫駆除)などで利用されて
　いる。放射線を出す物質を放射性物質という。

直流…一定の向きに流れる電流。

交流…向きが周期的に入れかわる電流。

発光ダイオード…LEDともいう。決まった向きに
　電流が流れたときだけ点灯する。豆電球と比べて
　発光するときに電気が熱に変換しにくく，効率よ
　く電気エネルギーを使うことができる。

応用問題 P.11〜14

解答例

1 (1)エ　　(2)エ

(3)向き…**右**　像の大きさ…**大きくなる**　　(4)**カ**

解説

1(1)　スクリーン上にはっきりとできる像は**実像**であり、実像は光源と上下左右が反対になる。ライト側から見たとき、スライドフィルムの文字はアの向きに見えているから、スクリーンにはアの上下左右が反対になったエのような実像ができる。なお、スクリーンが半透明で実像が透けて見えるとき、凸レンズと反対側からスクリーンを見ると、ウのように見える。

(2)　代表的な光の進み方は下図の①〜③だが、それ以外にも、光源から出てスクリーンに集まる光の道すじがある(下図の色のついた範囲)。このため、凸レンズの一部を隠しても、実像の一部が欠けるようなことはない。ただし、スクリーンに集まる光の量が少なくなるため、実像の明るさは暗くなる。

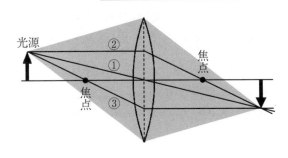

(3)　実像ができる範囲では、光源を動かした方向と同じ方向にスクリーンを動かすと、スクリーンにはっきりとした実像ができる。また、凸レンズとスクリーンの距離が遠ざかるほど、実像の大きさが大きくなる。ここでは、光源を(凸レンズに近づけるように)右に動かしたので、スクリーンを(凸レンズから遠ざけるように)右に動かせばよい。このとき、凸レンズとスクリーンの距離は遠ざかるから、実像の大きさは大きくなる。

(4)　光源を焦点よりも凸レンズに近づけると、スクリーンの位置を調節しても実像はできない。このと

き、凸レンズを通して光源を見ると、光源と同じ向きで光源よりも大きい**虚像**が見える。したがって、スライドフィルムの文字よりも大きい像であるオ〜クのうち、スライドフィルムの文字と同じ向きのものを選べばよい。ここではスクリーン側から見ることになるので、カのように見える(図1で、スクリーン側から見た文字の向きを考えてみよう)。虚像は実際に光が集まってきた像ではなく、屈折した光によって見える見かけの像である。鏡にうつって見える像も、実際に光が集まってきた像ではないため、虚像である。なお、光源が焦点上にあるときには、像はできない。

もう一問！ 力をつける

次の図のように光源、凸レンズ、スクリーンを置くと、スクリーン上にはっきりとした実像ができた。このとき、光aが凸レンズで屈折したあと、スクリーンに届くまでの道すじをかけ。

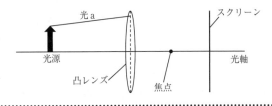

〈解説〉

　光源の先端から出て凸レンズの中心を通って直進する光(光軸に平行に進んで凸レンズで屈折し、焦点を通る光でもよい)を作図すると、光源の先端の実像ができる位置がわかる。光aは凸レンズで屈折したあと、この点に向かって直進する。光aは光軸に平行に進んでいないから、凸レンズで屈折したあと、焦点を通らないことに注意しよう。

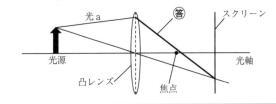

解答例

2 (1)イ　　(2)右図　　(3)b＞a＞c

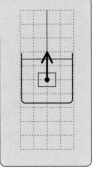

解説

2(1)　**水圧**は、水の重さによって生じる圧力だから、水面からの深さが深いところほど大きく、また、あらゆる向きにはたらく。したがっ

て，水面からの深さが深いところにある点ほど矢印の長さが長くなっているイのようになる。

(2) (1)より，Bの下面にはたらく上向きの水圧は，上面にはたらく下向きの水圧よりも大きい。このため，下面にはたらく水圧と上面にはたらく水圧の差によって上向きの**浮力**が生じる。Bには，(Aの重力による)糸がBを引く力，重力，浮力の3つの力がはたらいていて，これらの力がつり合っているため，水の中で静止している。それぞれの力の向きに着目すると，(糸がBを引く力)＋(浮力)＝(重力)が成り立つ。300gのAにはたらく重力は3N，500gのBにはたらく重力は5Nだから，3＋(浮力)＝5より，(浮力)＝5－3＝2(N)となる。したがって，作用点から上向きに2目盛り分の矢印をかけばよい。

(3) Aにはたらく力に着目する。Aには，糸がAを引き上げる力(b)，重力(a)，ひもがAを引く力の3つの力がはたらいていて，これらの力がつり合っているため，静止している。bはBにはたらく重力と浮力の差で求められ，ひもがAを引く力は手がひもを真下に引く力(c)と同じであり，a＋c＝bが成り立つ。また，水の中にある物体の体積が小さくなると，物体にはたらく浮力は小さくなるから，図3のときのBにはたらく浮力は図1のときの2Nよりも小さい。bは5－2＝3(N)よりは大きく(Bの重力5Nよりは小さい)，aは3Nだから，a＋c＝bより，cは3Nよりも小さいことがわかる。したがって，大きい順に並べると，b＞a＞cとなる。

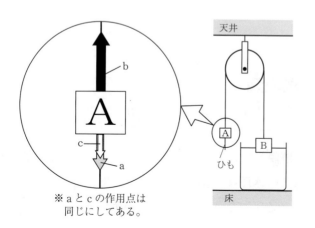

※aとcの作用点は同じにしてある。

3 (1)右図
 (2)① **平行** ② **小さく**

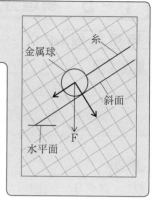

解説

3(1) 物体にはたらく1つの力を，その力と同じはたらきをする2つの力に分けることを力の分解といい，分解された力を**分力**という。重力の矢印を対角線とする平行四辺形を作図することで，それぞれの分力の矢印の長さを決めることができる。

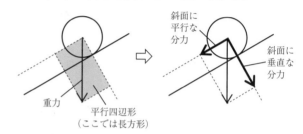

(2) 斜面の角度を大きくすると，(金属球にはたらく重力は変化しないが)斜面に平行な分力が大きくなる。斜面に平行な分力によって糸が引かれ，さらに滑車によって向きだけがかえられて糸がおもりを上に引く。このため，斜面に平行な分力が大きくなると，糸がおもりを上に引く力が大きくなり，電子てんびんの示す値は小さくなる。

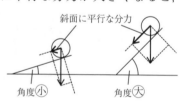

4 (1)下グラフ (2)ア (3)位置エネルギー…**エ**
 運動エネルギー…**イ** 力学的エネルギー…**ア**
 (4)**15** (5)**0.036**

- 33 -

4(1)　A～Dは20cm間隔で区切られているから，Aの高さはCの3倍，Bの高さはCの2倍である。Aの高さが36cmだから，Cの高さは$36×\frac{1}{3}=12$(cm)であり，Bの高さは$12×2=24$(cm)である。これらの3点をとり，直線で結ぶグラフをかけばよい。なお，この実験では，手をはなす前に小球がもっていた**位置エネルギー**が水平面ですべて**運動エネルギー**に移り変わり，それが木片を動かすので，<u>木片が動いた距離が，手をはなす前に小球がもっていた位置エネルギー</u>だと考える。表より，木片が動いた距離は小球をはなす高さに比例しているから，<u>位置エネルギーは水平面からの高さに比例する</u>ことがわかる。

(2)　水平面では**慣性**により**等速直線運動**をする。このとき，小球には力がはたらかないか，小球にはたらく力がつり合っているかのどちらかであり，小球には必ず重力がはたらくから，(力がはたらいていないのではなく)力がつり合っているときだとわかる。重力とつり合っているのは床からの**垂直抗力**だから，アのようになる。なお，イのように<u>進行方向と同じ向きの力がはたらく</u>と，小球は等速直線運動をせず，<u>速さが増加する運動</u>をする。

(3)　(1)解説の通り，位置エネルギーは水平面からの高さに比例するから，位置エネルギーの変化は図1のレールの形と同じエのようになる。位置エネルギーが減少すると，減少した分が運動エネルギーに移り変わるから，運動エネルギーの変化はイのようになる。**力学的エネルギー**は，位置エネルギーと運動エネルギーの和であり，Fまでは他のエネルギーに移り変わることなく保存されるから，アのようになる。

(4)　<u>木片が動いた距離が同じであれば，小球をはなした高さも同じである</u>と判断できるから，(1)のグラフより，木片が動いた距離が10cmのときの小球をはなす高さを読みとればよい。なお，このとき，Aの高さが15cmになったということだから，斜面の傾きは小さくなったということである。

(5)　〔**仕事**(J)＝**力の大きさ**(N)×力の向きに動かした距離(m)〕で求める。ここでは，DからBまでの40cmを斜面にそって動かしたことになるが，このときの力の大きさは，小球の重さ15g→0.15Nではなく，斜面に平行な分力と同じ大きさである。この分力の大きさは，辺の比が3：4：5の直角三角形に着目することで求めることもできるが，このような問題では**仕事の原理**に着目するとよい。つまり，0.15Nの小球をBの高さ(24cm→0.24m)まで<u>直接もち上げたときの仕事の大きさと同じになる</u>から，0.15×0.24＝0.036(J)である。

次の図で，小球をAから転がすと，レールを飛び出したあと，最高点Bを通過した。Bの高さがAよりも低くなる理由を，「運動エネルギー」という語句を使って書け。ただし，摩擦や空気の抵抗は考えないものとする。

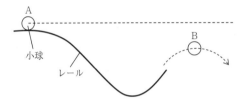

〈解説〉
Bを通過するとき，小球は動いている。つまり，**答Bでは，小球が運動エネルギーをもっているから**，力学的エネルギー保存の法則より，Bでの位置エネルギーはAでの位置エネルギーよりも小さく，Bの高さはAよりも低くなる。

解答例

5　(1)エ→ア→イ→ウ　　(2)18000J／5Wh などから1つ

解説

5(1)　コイルが動くのは，コイルを流れる電流がU字形磁石の磁界から力を受けるためである。電流が大きく，磁界が強く，コイルの巻き数が多いほど，この力の大きさは大きくなる。これらのうち，ア～エによって変化するのは電流の大きさだから，<u>コイルに流れる電流が大きくなる順に</u>並べればよい。電流の<u>大きさは抵抗の大きさに反比例する</u>から，例えば，

ア（10Ωの抵抗器Aだけ）と，イ（20Ωの抵抗器Bだけ）では，抵抗が小さいアの方がコイルに大きな電流が流れ，コイルが大きく動く。また，ウのように2つの抵抗器を直列つなぎにしたときには回路全体の抵抗は各抵抗器の抵抗よりも大きくなり，エのように2つの抵抗器を並列つなぎにしたときには回路全体の抵抗は各抵抗器の抵抗よりも小さくなる。したがって，コイルの動き（コイルに流れる電流）が大きい順に，（抵抗が10Ωよりも小さい）エ→（抵抗が10Ωの）ア→（抵抗が20Ωの）イ→（抵抗が20Ωよりも大きい）ウとなる。

(2)　**電力量**は電力と時間の積で求められ，単位には**J**や**Wh**などがある。10Ωの抵抗器Aに10Vの電圧がかかると，〔**電流（A）＝電圧（V）/抵抗（Ω）**〕より，抵抗器Aには$\frac{10}{10}=1$（A）の電流が流れる。抵抗器AとBが直列つなぎであれば，20Ωの抵抗器Bにも1Aの電流が流れるから，〔**電圧（V）＝抵抗（Ω）×電流（A）**〕より，抵抗器Bには20×1＝20（V）の電圧がかかる。したがって，抵抗器AとBでは，かかる電圧の合計が10＋20＝30（V）であり，〔**電力（W）＝電圧（V）×電流（A）**〕より，電力の合計は30×1＝30（W）である。10分は600秒，または$\frac{1}{6}$時間だから，電力量は30（W）×600（s）＝18000（J），または30（W）×$\frac{1}{6}$（h）＝5（Wh）である。

解答例

6　(1)A．ア　B．エ　　(2)B　　(3)**台車の運動エネルギーの一部が電気エネルギーに移り変わったから。**　　(4)**遅くなる。**

解説

6(1)　台車が斜面を下ったあと，コイルを通過するときに，磁石がコイルに近づいたり，コイルから遠ざかったりする。このとき，スイッチが入っていなければ**電磁誘導**が起こらず，**誘導電流**が流れない。スイッチが入っていると，コイルの中の磁界の変化にともなって電磁誘導が起こり，誘導電流が流れる。誘導電流の向きは，極，コイルの左右，磁石の動きの3つの条件に着目し，3つのうち，1つか3つが反対

になると検流計の振れる向きは反対になり，2つが反対になると検流計の振れる向きは変化しないと考える。この実験では，磁石のN極がコイルの左側から近づくときと，（磁石がコイルを通過して）磁石のS極がコイルの右側から遠ざかるときの2回，電磁誘導が起こる。この2回において，3つの条件はすべて反対になっているから，検流計の針は異なる向きに2回振れることになる。

(2)(3)　運動エネルギーが大きいほど速さは速い。(1)解説の通り，Aでは電磁誘導が起こらないから，コイルを通過する前後で台車の運動エネルギーが変化していないが，Bでは電磁誘導が起こり，台車の運動エネルギーの一部が電気エネルギーに移り変わるため，コイルを通過したあとの運動エネルギーはコイルを通過する前の運動エネルギーよりも小さくなっている。

(4)　台車がコイルに近づいてきたときの速さが同じでも，コイルの巻き数を多くすると誘導電流が大きくなる。つまり，より多くの運動エネルギーが電気エネルギーに移り変わるので，コイルの巻き数を多くしたときの方がコイルを通過したあとの運動エネルギーが小さく，速さが遅くなるということである。

力をつける もう一問！

　次の図で，棒磁石のN極をコイル上でAからBに向かって1回だけ通過させると，検流計の針は左に振れたあと，右に振れた。同じ装置で，棒磁石のN極をコイル上でBからAに向かって1回だけ通過させると，検流計の針はどのように振れるか，次のア〜エから1つ選べ。

ア　左に振れたあと，右に振れる。

イ　右に振れたあと，左に振れる。

ウ　左に振れたあと，左に振れる。

エ　右に振れたあと，右に振れる。

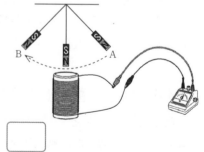

〈解説〉

棒磁石のN極が，AからBに向かうときと，BからAに向かうときで，コイルの上部に対して，N極が近づいたあと，N極が遠ざかるという動きは変化しないから，検流計の針の振れ方は答アのようになる。

基本問題 P.16

解答例

1 A. 接眼レンズ　B. 対物レンズ
　C. ステージ　D. 反射鏡　E. 調節ねじ

2 イ→ア→ウ

3 (1)ピンセット　　(2)右

4 目の高さ…イ　液面の位置…エ

5 (1)金属光沢がある。／たたくと広がる。／引っ
　ぱるとのびる。／電流が流れやすい。／熱が伝
　わりやすい。などから1つ　　(2)銀

解説

1 顕微鏡について，各部の名称や基本的な操作手順の
他に，次の内容も覚えておこう。

・上下左右が反対に見える顕微鏡では，プレパラー
　トの動かし方に注意する。例えば，顕微鏡の視
　野で右上に見える観察物を中央に動かすには，
　プレパラートを右上に動かす必要がある。
・顕微鏡の倍率は，対物レンズの倍率と接眼レン
　ズの倍率の積で求められる。
・顕微鏡の倍率を高くすると，視野は狭く，暗く
　なる。
・対物レンズの倍率を高くすると，対物レンズと
　プレパラートの距離は近くなる。

---

2 図2のAは空気調節ねじ，Bはガス調節ねじである。
ガス調節ねじで炎の大きさ，空気調節ねじで炎の色を
調節すると覚えておこう。どちらのねじも，上から見
て反時計回りに回すと開く。また，操作手順では，マッ
チに火をつけてからガス調節ねじを開くことに注意し
よう。

3(1)　分銅を手でつかむと，分銅がさびて質量が変化す
ることがある。なお，使い終わったら，皿を一方に
重ねてうでが動かないようにしておく。

(2)　操作するものをきき手側の皿にのせる。ここで
は，ものの質量をはかろうとしている。したがっ
て，ものは一度皿にのせたらそのあと操作せず，分

銅を操作することになるから，分銅をきき手側の右
の皿にのせる。なお，必要な質量(例えば10g)をは
かりとるときには，10gの分銅を左の皿にのせたま
まにして，きき手側の右の皿に，針が左右に等しく
振れるまで，ものを少しずつのせていく。

4　メスシリンダーの目盛りは，液面を真横から見て
(イ)，液面の中央の値を最小目盛りの10分の1まで読
みとる。ここでは，液面の中央が50mLの目盛りと重
なっているエを選ぶ。

5(2)　この金属の密度は，$\left[\text{密度}(\text{g/cm}^3)=\dfrac{\text{質量}(\text{g})}{\text{体積}(\text{cm}^3)}\right]$よ
り，$\dfrac{42.0}{4.0}=10.5(\text{g/cm}^3)$である。密度が同じであれば
同じ物質だと判断できるので，表より，この金属は
銀だと考えられる。

その他の重要語句の説明

ルーペ…2～3倍に拡大して見るときに使う道具。
　ピントを合わせるときは，ルーペを目に近づけて
　もち，観察するものを前後に動かす。
双眼実体顕微鏡…観察するものが立体的に見える顕
　微鏡。花の細部を観察するときなどに使われる。
PE…ポリエチレンの略称。レジ袋や灯油を入れる
　容器などに使われる。
PS…ポリスチレンの略称。食器やペットボトルの
　キャップなどに使われる。
PET…ポリエチレンテレフタラートの略称。ペッ
　トボトルやレインコートなどに使われる。

---

7 化学分野②

解答例

> **1** (1)A　　(2)上方置換法　　(3)二酸化マンガンに
> うすい過酸化水素水を加える。（下線部は**オキシ**
> **ドール**でもよい）
>
> **2** (1)溶解度　　(2)53.0　　(3)再結晶　　(4)31.5
>
> **3** (1)融点　　(2)記号…**A**　理由…**温度が一定にな**
> **る部分があるから。**

解説

1 表1より，刺激臭があるBがアンモニアであり，ア
ンモニア以外で空気より密度が小さいCが水素であ
る。残ったAとDのうち，水に少し溶けるAが二酸化
炭素，水に溶けにくいDが酸素である。

(1) 二酸化炭素の水溶液は**炭酸水**であり，<u>酸性を示
す</u>。

(2) Bのように<u>水に溶けやすく，空気よりも密度が小
さい気体は**上方置換法**で集める</u>。下図はBのアンモ
ニアの性質を確かめる装置である。スポイトから丸
底フラスコに水を加えると，<u>アンモニアが水に溶け
て丸底フラスコ内の気圧が下がり</u>，ビーカーの水が
ガラス管の先から噴
水のようにとび出し，
赤色に変化する。こ
れは，ビーカーの水
に加えた**フェノール
フタレイン溶液**が<u>ア
ルカリ性のアンモニ
ア水に反応したため</u>
である。

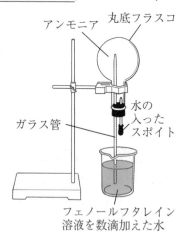

アンモニア　丸底フラスコ
ガラス管
水の入ったスポイト
フェノールフタレイン
溶液を数滴加えた水

2 (1)〜(3) 固体の物質はふつう，<u>水の温度が低くなると
溶解度が小さくなる</u>。このため，水溶液の温度を下
げていくことで，溶けきれなくなったものが結晶と
なって出てくる。表2より，硝酸カリウムの溶解度
は，50℃で85.0ｇ，20℃で32.0ｇだから，(2)で出て
くる結晶は85.0−32.0＝53.0（ｇ）である。このよう
に，水溶液から結晶をとり出す操作を**再結晶**という。
なお，食塩のように水の温度による<u>溶解度の差が小</u>

<u>さい物質は，加熱して水を蒸発させる</u>ことで多くの
結晶をとり出すことができる。

(4) 表2より，硝酸カリウムは30℃の水100ｇに46.0
ｇまで溶ける。〔**質量パーセント濃度（%）＝**
$\dfrac{溶質の質量（ｇ）}{溶媒の質量（ｇ）＋溶質の質量（ｇ）}$**×100**〕より，30℃の
硝酸カリウムの飽和水溶液の質量パーセント濃度は
$\dfrac{46.0}{100＋46.0}×100＝31.50\cdots→31.5\%$である。

3(1) <u>融点や沸点は物質ごとに決まっている</u>。水の場
合，融点は0℃，沸点は100℃である。

(2) 図2のAでは，約8分後から13分後まで温度が変
化していない。これは，<u>熱が物質の状態を変化させ
るのに使われている</u>ためであり，純粋な物質を加熱
していることがわかる。これに対し，<u>混合物を加熱
したとき</u>には，ある物質の状態が変化していても，
（融点や沸点が異なるため）他の物質は状態が変化す
ることなく温度が上がり続けるから，<u>温度が一定に
なる部分がない</u>。なお，弱火で加熱したり，図1で
物質が入った試験管を直接加熱せずに湯せんしたり
するのは，物質の温度をゆっくり上昇させる（状態
変化が起こっていることをわかりやすくする）ため
である。

その他の重要語句の説明

> **窒素**…空気中に約78%含まれる気体。色やにおいは
> なく，水に溶けにくい。
>
> **塩素**…刺激臭がある黄緑色の気体。水に溶けやすく，
> 空気よりも密度が大きい。漂白作用や殺菌作用が
> ある。
>
> **塩化水素**…刺激臭がある気体。水に溶けやすく，空
> 気よりも密度が大きい。水溶液は塩酸である。
>
> **蒸発と沸騰**…液体の表面で気体に変化する現象を蒸
> 発，液体の内部で気体に変化して激しく泡立つ現
> 象を沸騰という。水の場合，ふつう沸騰は100℃
> になると起こるが，蒸発は100℃にならなくても
> 起こる。

基本問題 P.20

解答例

1 (1)化合物　(2)分解
　(3)2Ag₂O→4Ag+O₂
2 (1)1種類の元素からできている物質。
　(2)硫化鉄　(3)イ
3 (1)二酸化炭素　(2)還元　(3)赤
　(4)2CuO+C→2Cu+CO₂

解説

1(1) 酸化銀の化学式はAg₂Oで，銀原子2個と酸素原子1個が結びついている。酸化銀のように酸素が結びついてできた**化合物**を**酸化物**という。

(2) 酸化銀や炭酸水素ナトリウムなどのように加熱によって起こる分解を**熱分解**という。なお，水(うすい水酸化ナトリウム水溶液)や塩酸などのように電流を流すことによって起こる分解を**電気分解**という。

(3) まずは反応に関係する物質の化学式を，+や→を使って順に並べる。酸化銀はAg₂O，銀はAg，酸素はO₂だから，〔Ag₂O→Ag+O₂〕となる(このとき酸化銀をAgO，銀をAg₂などのように誤って表すと，化学反応式は完成しない)。次に，反応の前後で原子の種類と数が等しくなるように，それぞれの化学式に必要な係数をつけると，〔2Ag₂O→4Ag+O₂〕となる。この化学反応式では，反応の前後で，銀原子が4個ずつ，酸素原子が2個ずつになっている。

2(2)(3) 鉄と硫黄の混合物を加熱すると，化合物である硫化鉄ができる〔Fe+S→FeS〕。反応前の混合物にうすい塩酸を加えると，鉄とうすい塩酸が反応して水素が発生するが，反応後の化合物にうすい塩酸を加えると，硫化鉄とうすい塩酸が反応して卵の腐ったようなにおいのある硫化水素が発生する。硫化水素は有毒である。この実験については，次の内容も覚えておこう。

・この反応は**発熱反応**だから，いったん反応が始まると，加熱をやめても発生した熱によっ

て反応が続く。

・反応前の混合物には鉄が含まれているから，磁石を近づけると引きつけられるが，反応後の化合物は磁石を近づけても引きつけられない。

3(1)～(3) 炭素は銅よりも酸素と結びつきやすいため，炭素が酸化銅から酸素を奪って二酸化炭素になり，試験管内には単体の銅(赤色)ができる。炭素以外でも，銅よりも酸素と結びつきやすい物質であれば，同様に酸化銅を**還元**することができる。例えば，酸化銅と水素の反応では，銅と水ができる〔CuO+H₂→Cu+H₂O〕。なお，発生した二酸化炭素により，図3の石灰水は白くにごる。

その他の重要語句の説明

周期表…現在知られている約120種類の元素を，原子番号の順に並べた表。解答例・解説の62ページに一部をまとめた。

さび…金属が空気中の酸素とおだやかに結びついてできた酸化物。

吸熱反応…熱を吸収する化学変化。レモン汁に炭酸水素ナトリウムを加えたときや，塩化アンモニウムと水酸化バリウムを混ぜたときの反応などは吸熱反応である。

発熱反応…熱を発生させる化学変化。金属が酸化する反応は発熱反応で，使い捨てかいろはこの反応を利用している。

9 化学分野④

基本問題 P.22

解答例

■ (1)3：2　　(2)2　　(3)**質量保存の法則**

■ (1)**電子**　(2)**ア，エ**　(3)**電離**

　(4)陽イオン…Na⁺　陰イオン…Cl⁻

■ (1)b　　(2)亜鉛板…Zn→Zn²⁺＋2e⁻

　銅板…Cu²⁺＋2e⁻→Cu

解説

■(1)　図1より，3gのマグネシウムを完全に酸化させると5gの酸化マグネシウムになるから，3gのマグネシウムと結びつく酸素は5−3＝2（g）である。したがって，マグネシウムと酸素が結びつくときの質量比は3：2である。

(2)　図1より，4gの銅を完全に酸化させると5gの酸化銅になるから，5gの酸化銅に含まれる酸素は5−4＝1（g）である。反応に関係する物質の質量比はいつも一定になるから，5gの2倍の10gの酸化銅に含まれる酸素は1gの2倍の2gである。$1 \times \frac{10}{5} = 2$（g）と計算すればよい。

(3)　原子は種類によって質量が決まっているため，反応の前後で原子の種類と数が変化しなければ，反応に関係する物質の質量の総和も変化しない。

■(1)　元素の種類は**原子核**がもつ**陽子**の数で決まる。ヘリウムの原子核には2個の陽子があり，陽子の数は原子番号と等しい。

(2)～(4)　水溶液に電流が流れる物質を**電解質**という。水溶液に電流が流れるのは，水溶液中にイオンが存在するためである。つまり，水に溶けて**電離**する物質は電解質である。塩化銅は銅イオンと塩化物イオン〔CuCl₂→Cu²⁺＋2Cl⁻〕に，塩化ナトリウムはナトリウムイオンと塩化物イオン〔NaCl→Na⁺＋Cl⁻〕に電離する電解質であり，エタノールと砂糖は水に溶けても電離しない**非電解質**である。なお，水に溶けない物質は電解質でも非電解質でもない。

■(1)　亜鉛と銅では，亜鉛の方がイオンになりやすく，亜鉛は電子を2個失い，亜鉛イオンとなって水溶液

中に溶け出す〔Zn→Zn²⁺＋2e⁻〕。放出された電子はaの向きに移動し，銅板の表面で硫酸銅水溶液中の銅イオンが電子を2個受けとって銅原子になる〔Cu²⁺＋2e⁻→Cu〕。電流が流れる向きは電子が移動する向きと反対だから，電流が流れる向きはbであり，亜鉛板が−極，銅板が＋極になっている。装置全体で起こる反応を化学反応式で表すと，Zn＋Cu²⁺→Zn²⁺＋Cuとなる。亜鉛板は，亜鉛が亜鉛イオンとなって水溶液中に溶け出すため，表面がぼろぼろになっていき，銅板には，水溶液中の銅イオンが銅原子となって，新たな銅が付着する。なお，セロハンの膜には小さい穴があいていて，イオンなどの小さな粒子は通過することができる。セロハンの膜があることで，2つの水溶液が混ざりにくくなるとともに，電流を流すのに必要なイオンを交換することができ，一定の大きさの電圧を長い時間安定して得ることができる。イオンが交換されないと，亜鉛板付近は＋にかたより，銅板付近は−にかたよってしまう。また，電流を流す前の硫酸亜鉛水溶液の濃度は低く，硫酸銅水溶液の濃度は高くしておくと，亜鉛イオンはより溶け出しやすくなり，電子を受けとる銅イオンの数が多くなるため，より電池が長持ちする。

その他の重要語句の説明

同位体…同じ元素で中性子の数が異なる原子のこと。例えば，水素には，中性子をもたない原子と中性子を1個もつ原子がある。

イオンへのなりやすさ…金属によって，イオンへのなりやすさに違いがある。化学電池では，イオンになりやすい金属が−極になる。おもな金属のイオンへのなりやすさを大きい順に並べると，Mg＞Al＞Zn＞Fe＞Cuとなる。

一次電池と二次電池…マンガン乾電池やリチウム電池のように充電できない電池を一次電池という。これに対し，鉛蓄電池やリチウムイオン電池のように充電してくり返し使うことができる電池を二次電池という。

基本問題 P.24

解答例

1 (1)H⁺　　　(2)Cl₂

2 (1)①水酸化物イオン　②中性　　(2)中和

(3)HCl＋NaOH→NaCl＋H₂O

(4)

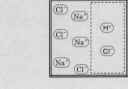

解説

1(1)　塩酸の溶質である塩化水素は水に溶けると電離して, 水素イオンと塩化物イオンに分かれる〔HCl→H⁺＋Cl⁻〕。電極aは電源の－極とつながった陰極だから, 陽イオンである水素イオンが移動してくる。水素イオンは電極aから電子を1個受けとって水素原子となり, それが2個結びついて水素分子となる〔2H⁺＋2e⁻→H₂〕。

(2)　(1)と同様に考えると, 電源の＋極とつながった電極bには, 陰イオンである塩化物イオンが移動してくる。塩化物イオンは電極bで電子を1個失って塩素原子となり, それが2個結びついて塩素分子となる〔2Cl⁻→Cl₂＋2e⁻〕。

2(1)(2)　酸性の水溶液(ここでは塩酸)とアルカリ性の水溶液(ここでは水酸化ナトリウム水溶液)を混ぜ合わせたときに起こる, 互いの性質を打ち消し合う化学変化を中和という。BTB溶液が緑色になるのは水溶液が中性のときであり, 酸性を示す水素イオンとアルカリ性を示す水酸化物イオンが過不足なく反応したときである。

(4)　塩酸中には水素イオンと塩化物イオンが数の比1:1で, 水酸化ナトリウム水溶液中にはナトリウムイオンと水酸化物イオンが数の比1:1で含まれている。これらを混ぜ合わせると, 水素イオンと水酸化物イオンは結びついて水になる〔H⁺＋OH⁻→H₂O〕が, 塩化物イオンとナトリウムイオンは水溶液中では結びつかず, イオンのまま存在する。中性になっ

た(水素イオンと水酸化物イオンが過不足なく反応した)Dに着目すると, 塩酸50.0cm³中には水素イオンと塩化物イオンが4個ずつ, 水酸化ナトリウム水溶液20.0cm³中にはナトリウムイオンと水酸化物イオンが4個ずつ含まれていたことがわかる。水溶液に含まれるイオンの数は水溶液の体積に比例するから, 水酸化ナトリウム水溶液15.0cm³中にはナトリウムイオンと水酸化物イオンが$4 \times \frac{15.0}{20.0} = 3$(個)ずつ含まれている。したがって, 塩酸50.0cm³と水酸化ナトリウム水溶液15.0cm³を混ぜ合わせたCの水溶液に含まれるイオンの数は, 水素イオンが4－3＝1(個), 塩化物イオンが4個, ナトリウムイオンが3個, 水酸化物イオンが0個であり, 水素イオンと塩化物イオンのモデルを1個ずつかき加えればよい。

その他の重要語句の説明

塩化銅水溶液の電気分解…塩化銅水溶液を電気分解すると, 陽極では塩素が発生し, 陰極に銅が付着する〔CuCl₂→Cu＋Cl₂〕。

pH…水溶液の酸性やアルカリ性の強さを表すのに使われる。pHの値が7のとき, 水溶液は中性で, 値が7よりも小さいほど酸性が強く, 値が7よりも大きいほどアルカリ性が強い。

炭酸水と水酸化カルシウム水溶液の中和…炭酸水は二酸化炭素の水溶液であり, 水酸化カルシウム水溶液は石灰水である。石灰水に息をふきこんだときに白くにごるのは, 中和によってできる塩である炭酸カルシウムが水に溶けにくいためである。

6～10 化学分野

Point! Point!

応用問題 P.25～28

解答例

1. (1)有機物　(2)A. ポリプロピレン
B. ポリスチレン　C. ポリ塩化ビニル

解説

1. (1)　**有機物**には炭素が含まれているため，燃えて酸素と結びつくことで二酸化炭素が発生する。なお，有機物の多くは水素を含んでいて，燃えて酸素と結びつくことで水が発生する。また，一酸化炭素や二酸化炭素は炭素を含んでいるが有機物ではなく**無機物**である。

(2)　砂糖1gを水に溶かしたときの水溶液の体積の増加が1cm³よりも小さいから，〔**密度(g/cm³)** ＝ $\frac{質量(g)}{体積(cm³)}$〕より，溶かす砂糖の質量を大きくする(濃度を濃くする)ほど砂糖水の密度は大きくなる。液体の中に固体を沈めたとき，液体と固体の密度が同じであれば固体はその場にとどまり，固体の密度の方が大きければ固体は沈み，固体の密度の方が小さければ固体は浮く。したがって，表1の密度と表2より，水に浮いたAは水よりも密度が小さいポリプロピレンである。また，砂糖水に浮いたBは砂糖水よりも密度が小さく，砂糖水に沈んだCは砂糖水よりも密度が大きいから，BはCよりも密度が小さいポリスチレンであり，Cはポリ塩化ビニルだと考えられる。なお，この砂糖水の密度は1.05g/cm³よりも大きく，1.37g/cm³よりも小さいことがわかる。

解答例

2. 方法…**水上置換法**　性質…**水に溶けにくい。**

解説

2. 水に溶けにくい気体は**水上置換法**で集めるのがよい。水上置換法は，集めた気体が空気と混ざりにくく，集めた気体の量がわかりやすい。なお，水上置換法については，気体を集める前に図の試験管Bは水で満たしておくこと，はじめにガラス管から出てくる気体には図の試験管Aにあった空気が多く含まれているから捨てることなどの注意点も覚えておこう。

解答例

3. (1)物質…**塩化ナトリウム**　方法…**水溶液を加熱して水を蒸発させる。**　(2)**240**　(3)**イ**

解説

3. (1)　物質が**溶解度**まで溶けている水溶液が**飽和水溶液**である。塩化ナトリウムのように，温度による溶解度の差が小さい物質は，飽和水溶液の温度を下げてもほとんど結晶を得ることができない(例えば，塩化ナトリウムの溶解度は，40℃で約36.4g，10℃で約35.7gだから，水100gで40℃の飽和水溶液をつくり，それを10℃まで冷やしても，得られる結晶は約0.7gと非常に少ない)。このような物質の結晶を得るには，水に溶ける物質の質量が水の質量に比例することを利用して，水を蒸発させて水の質量を小さくすればよい。

(2)　質量パーセント濃度30％の水溶液120gに溶けている溶質の質量は120×0.3＝36(g)である。ここでは水だけを加えて濃度を10％にするので，〔**質量パーセント濃度(%)** ＝ $\frac{溶質の質量(g)}{溶液の質量(g)}$ ×100〕より，水を加えたあとの水溶液の質量をxgとすると，$\frac{36}{x}$ ×100＝10が成り立ち，これをxについて解くと，x＝360(g)となる。したがって，加える水の質量は360－120＝240(g)である。また，質量パーセント濃度を30％から10％へと3倍にうすめるには，水溶液の質量が3倍になるように水を加えればよいので，水を加えたあとの水溶液の質量を120×3＝360(g)と求め，加えた水の質量を360－120＝240(g)と求めてもよい。

解答例

4. (1)蒸留　(2)イ　(3)理由…**エタノールの方が水よりも沸点が低いから。**　方法…**においをかぐ。／脱脂綿につけて火をつける。**などから1つ

4(1) 図1の装置では，沸騰石を入れることと，温度計の球部の高さをガラス管と同じくらいの高さにすることなどに注意しよう。この実験のように**混合物**から沸点の違いにより目的とする物質をとり出す方法は，石油からガソリンや灯油などをとり出すときにも利用されている。

(2) 混合物では，ある物質の状態が変化し始めて（熱が状態変化に使われて）も，他の物質の温度は上がり続けるから，沸騰し始めても温度は一定にはならない。ただし，温度上昇は沸騰が始まる前と比べてゆるやかになるから，図2より，約7分後に沸騰し始めたと考えられる。

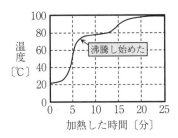

(3) 水の**沸点**は100℃，エタノールの沸点は約78℃であり，約7分後に沸騰し始めたのは沸点が低いエタノールである。気体に変化したエタノールはガラス管を通って試験管に集まり，ビーカーの水で冷やされて再び液体に戻る。このため，先に集めた試験管Aの液体にはエタノールが多く含まれている。エタノールが多く含まれている液体は，エタノールのにおいがし，脱脂綿につけて火をつけるとよく燃える。

5 (1)$2NaHCO_3 \rightarrow Na_2CO_3 + CO_2 + H_2O$ (2)**加熱していた試験管に水が逆流するのを防ぐため，ガラス管を水から抜く。** (3)**加熱後の物質** (4)**炭酸水素ナトリウムが分解されて気体が発生するから。**

5(2) 火を消すと，加熱していた試験管内の気圧が低くなるため，ガラス管の先にあるものが吸いこまれる。このとき，ガラス管の先が水の中にあると，水が吸

いこまれる。冷たい水が加熱部に流れこむと試験管が割れることがあるため，火を消す前にガラス管を水から抜いておく。

(3) 加熱後の物質は**炭酸ナトリウム**である。炭酸ナトリウムは炭酸水素ナトリウムよりも，水によく溶け，水溶液は強いアルカリ性を示す。フェノールフタレイン溶液はアルカリ性に反応して赤色に変化し，アルカリ性が強いほど濃い赤色になるから，加熱後の物質（炭酸ナトリウム）の方が濃い赤色になる。

6 (1)**白くにごる。** (2)**酸素と結びつきやすいから。** (3)4：1 (4)1.65

6(1)(2) 炭素は銅よりも酸素と結びつきやすいため，酸化銅と炭素の混合物を加熱すると，酸化銅は**還元**されて銅になり，炭素は**酸化**されて二酸化炭素になる。発生した二酸化炭素により，石灰水は白くにごる。

(3) 図2で，試験管内に残った物質の質量が最も小さくなったときが，酸化銅と炭素が過不足なく反応したときであり，このとき試験管内に残った物質は銅だけである。したがって，6.00gの酸化銅に含まれていた銅の質量は4.80gであり，それと結びついていた酸素の質量は6.00−4.80＝1.20(g)だから，酸化銅中の銅と酸素の質量比は，4.80：1.20＝4：1である。

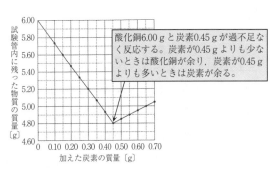

(4) (3)解説より，6.00gの酸化銅と0.45gの炭素が過不足なく反応すると，4.80gの銅ができることがわかる。したがって，2.00gの酸化銅と過不足なく反

応する炭素は$0.45 \times \dfrac{2.00}{6.00} = 0.15$（ g ）であり，できる銅は$4.80 \times \dfrac{2.00}{6.00} = 1.60$（ g ）である。0.20 g の炭素のうち，$0.20 - 0.15 = 0.05$（ g ）が反応せずに余るから，試験管内に残る物質の質量は，$\underset{銅}{1.60} + \underset{余った炭素}{0.05} = 1.65$（ g ）である。

力をつける もう一問！

銅とマグネシウムの混合粉末4.6 g を十分に加熱して完全に酸化させると，酸化物が合計で6.5 g できた。このときできた酸化銅の質量は何 g か。ただし，銅と酸素は質量比4：1，マグネシウムと酸素は質量比3：2で結びつくものとする。

　　　　　　　　　　　　　　　　　　　　g

‥‥‥‥‥‥‥‥‥‥‥‥‥‥‥‥‥‥‥‥‥‥

〈解説〉
銅と酸素は質量比4：1で結びつくから，銅と酸化銅の質量比は$4 : (4+1) = 4 : 5$である。混合粉末中の銅の質量をx g とすると，できた酸化銅の質量は$\dfrac{5}{4}x$ g である。混合粉末中のマグネシウムをy g として同様に考えると，できた酸化マグネシウムの質量は$\dfrac{5}{3}y$ g である。以上より，$x + y = 4.6 \cdots$①，$\dfrac{5}{4}x + \dfrac{5}{3}y = 6.5 \cdots$②が成り立つ。①と②を連立方程式として解くと，$x = 2.8$，$y = 1.8$となるから，できた酸化銅の質量は$\dfrac{5}{4}x = \dfrac{5}{4} \times 2.8 = $**答 3.5**（ g ）である。

解答例

7 (1)**反応の前後で原子の種類と数が変化しないから。** (2)石灰石…**6.5** 気体…**3.0** (3)**4.0**

解説

7(2) 図2で，グラフの折れ曲がった点が，塩酸20.0cm³と石灰石が過不足なく反応した点だから，塩酸20.0cm³と過不足なく反応する石灰石の質量は6.5 g である。また，このとき測定したビーカー全体の質量が131.5 g であることから，**質量保存の法則**より，発生した気体は，$(\underset{反応前のビーカー}{128.0} + \underset{石灰石}{6.5}) - \underset{反応後のビーカー}{131.5} = 3.0$（ g ）である。ここでは，発生した二酸化炭素が空気中に出ていったため，反応後のビーカー全体の質量が，反応前のビーカー全体の質量と加えた石灰石の質量の和より小さくなったということである。

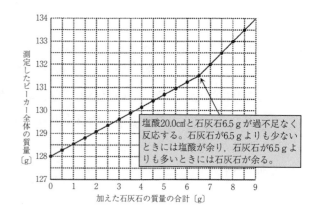

塩酸20.0cm³と石灰石6.5 g が過不足なく反応する。石灰石が6.5 g よりも少ないときには塩酸が余り，石灰石が6.5 g よりも多いときには石灰石が余る。

(3) 実験では，塩酸20.0cm³と石灰石6.5 g が過不足なく反応したから，石灰石3.9 g と過不足なく反応する塩酸は$20.0 \times \dfrac{3.9}{6.5} = 12.0$（cm³）である。ある質量の石灰石と過不足なく反応する塩酸の体積は，塩酸の濃度に反比例するから，塩酸の濃度を3倍にすると，石灰石と過不足なく反応する塩酸の体積は$\dfrac{1}{3}$倍になる。したがって，必要な3倍の濃度の塩酸の体積は$12.0 \times \dfrac{1}{3} = 4.0$（cm³）である。

解答例

8 (1)$CuCl_2 \rightarrow Cu^{2+} + 2Cl^-$ (2)H_2
(3)A. **イ** B. **ア**

解説

8(1) 塩化銅のように水に溶けると**電離**する物質を**電解質**といい，電解質の水溶液には電流が流れる。塩化銅は1個の銅イオンと2個の塩化物イオンに分かれる。銅原子が電子を2個失って銅イオンに，塩素原子が電子を1個受けとって塩化物イオンになる。

(2) ビーカーBには水酸化ナトリウム水溶液を入れた。水酸化ナトリウム水溶液に電流を流したとき，分解されるのは水酸化ナトリウムではなく，水であり，陰極では水素，陽極では酸素が発生する〔$2H_2O \rightarrow 2H_2 + O_2$〕。電極 c は陰極だから，発生する気体は水素である。なお，水酸化ナトリウムは水に電流を流しやすくするためのものである。

(3) ビーカーAには塩化銅水溶液を入れた。塩化銅水溶液に電流を流すと，塩化銅が分解されて陰極（電極 a ）には銅が付着し，陽極（電極 b ）では塩素が発

生する〔CuCl₂→Cu＋Cl₂〕。このようにして，溶質である塩化銅の質量は減少し，溶媒である水の質量は変化しないため，質量パーセント濃度は小さくなる。これに対し，ビーカーBでは，(2)解説の通り，溶媒である水が分解されて質量が減少し，溶質である水酸化ナトリウムの質量は変化しないため，質量パーセント濃度は大きくなる。

解答例

⑨ (1)H⁺＋OH⁻→H₂O　　(2)エ　　(3)100　　(4)80

解説

⑨(1)　塩酸中には，溶質である塩化水素が電離して，陽イオンの水素イオンと陰イオンの塩化物イオンが存在する〔HCl→H⁺＋Cl⁻〕。水酸化ナトリウム水溶液中には，溶質である水酸化ナトリウムが電離して，陽イオンのナトリウムイオンと陰イオンの水酸化物イオンが存在する〔NaOH→Na⁺＋OH⁻〕。したがって，<u>水素イオンと水酸化物イオンが結びついて水ができる反応を</u>，化学式を使ってかけばよい。なお，<u>水素イオンが酸性を示すイオン，水酸化物イオンがアルカリ性を示すイオン</u>であり，酸性の水溶液とアルカリ性の水溶液が互いの性質を打ち消し合う反応を**中和**という。

(2)　pHの値が7であれば中性で，値が7よりも小さいほど酸性が強く，値が7よりも大きいほどアルカリ性が強い。また，<u>マグネシウムに塩酸を加えると水素が発生するが，マグネシウムに水酸化ナトリウム水溶液を加えても水素は発生しない</u>。したがって，図より，加えた水酸化ナトリウム水溶液の体積が10cm³〜60cm³のときには気体（水素）が発生しているから，塩酸が余っていて（水溶液は酸性で），pHは7よりも小さいままであることがわかる。

(3)　(2)解説の通り，気体が発生しているときには塩酸が余っているので，<u>発生した気体の体積が0cm³になるときの水酸化ナトリウム水溶液の体積を考えれば</u>よい。水酸化ナトリウム水溶液の体積が20cm³から60cm³へと40cm³増加すると，発生した気体の体積が300

cm³から150cm³へと150cm³減少しているから，発生した気体がさらに150cm³減少して0cm³になるのは，水酸化ナトリウム水溶液の体積が60cm³からさらに40cm³増加して100cm³になったときである。

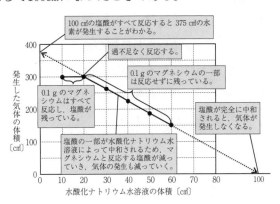

(4)　上図より，水酸化ナトリウム水溶液の体積が20cm³のとき，余った塩酸と0.1gのマグネシウムが過不足なく反応したことになる。(3)より，100cm³の塩酸と100cm³の水酸化ナトリウム水溶液が過不足なく反応するから，水酸化ナトリウム水溶液を20cm³加えたときには20cm³の塩酸が反応し，100－20＝80〔cm³〕の塩酸が余っていることになる。

もう一問！

ビーカーAに塩酸を入れ，BTB溶液を加えたあと，水酸化ナトリウム水溶液を少しずつ加えていくと，水溶液の色が青色に変化した。また，ビーカーBに硫酸を入れ，BTB溶液を加えたあと，水酸化バリウム水溶液を少しずつ加えていくと，水溶液の色が青色に変化した。このときのビーカーAの塩化物イオンとナトリウムイオン，ビーカーBの硫酸イオンとバリウムイオンの数の変化を表したグラフとして正しいものを，次のア〜オから1つずつ選べ。

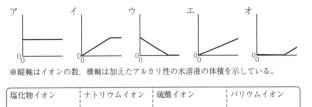

※縦軸はイオンの数，横軸は加えたアルカリ性の水溶液の体積を示している。

塩化物イオン	ナトリウムイオン	硫酸イオン	バリウムイオン

....

〈解説〉

塩酸中の塩化物イオンと水酸化ナトリウム水溶液中のナトリウムイオンは水溶液中では結びつかないから，塩化物イオンの数は変化せず（**答ア**），ナトリウムイオンの数は加えた水酸化ナトリウムの体積に比例して増加する（**答エ**）。また，硫酸中の硫酸イオンと水酸化バリウム水溶液中のバリウムイオンは結びついて白い沈殿となるから，硫酸イオンの数は中和が終わるときに0になるように減少し（**答ウ**），バリウムイオンの数は中和が終わるまでは0で，そのあと増加していく（**答オ**）。

基本問題 P.30

解答例

1 (1)どちらか…**雌花** 何か…**胚珠** (2)**c**

2 (1)**イ** (2)**体やあしに節がある。／体が外骨格
でおおわれている。**などから1つ (3)**軟体**

3 (1)**3** (2)**目が前向きについていて，獲物まで
の距離をはかりやすい。**

解説

1 (1) Aは**裸子植物**であるマツの**雌花**だから，**胚珠**がむ
き出しでりん片についている。なお，**雄花**のりん片
には**花粉のう**がついている。

(2) アは**シダ植物**のイヌワラビ，イは**コケ植物**のスギ
ゴケ(雌株)，ウは**被子植物**のカラスノエンドウ，エ
は裸子植物のマツである。Ⅰには「種子をつくらな
い」，Ⅱには「種子をつくる」，Ⅲには「胚珠が子房の
中にある」，Ⅳには「胚珠がむき出しになっている」
があてはまる。なお，アは**維管束**(根,茎,葉の区別)
がある。右図で，茎の
ように見える部分は葉
の一部で，茎は地下に
ある。また，イは維管
束(根，茎，葉の区別)
がなく，根のように見
える部分は仮根(おも
に体を地面に固定する
はたらき)である。

葉
葉の柄
茎
根

2 (1) 体がしめった皮ふでおおわれている**脊椎動物**は**両
生類**である。アは**魚類**，イは両生類，ウは**は虫類**で
ある。

(2) **節足動物**は，**外骨格**によって体内を保護し，体を
支えている。また，外骨格は大きくならないため，
脱皮することで成長するものが多い。

(3) **軟体動物**は，内臓とそれを包む**外とう膜**をもつ。
水中で生活し，えらで呼吸をするものが多いが，マ
イマイのように陸上で生活するものは肺で呼吸す
る。

3 目が前向きについていて犬歯が大きく，するどく
なっている図2が肉食動物，目が横向きについていて
門歯や臼歯が発達している図3が草食動物の頭の骨で
ある。目のつき方と見え方の違いは下図の通りである。
下図のaが両方の目で立体的に見ることができる範
囲，bが片方の目で見ることができる範囲である。

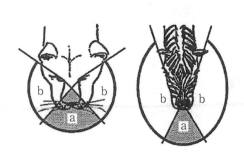

その他の重要語句の説明

胞子のう…シダ植物であるイヌワラビの葉の裏や，
コケ植物であるスギゴケの雌株の先端部にある胞
子の入った袋。

節足動物の分類…背骨がなく，体が外骨格でおおわ
れていて，体やあしに節がある動物を節足動物と
いう。節足動物の分類は下表の通り。

甲殻類	カニ，エビ，ミジンコなど。体は，頭胸部と腹部の2つ，または頭部と胸部と腹部の3つに分かれている。水中で生活し，えらや皮ふで呼吸するものが多い。
昆虫類	バッタやカブトムシなど。体は，頭部と胸部と腹部の3つに分かれていて，胸部に3対のあしがある。腹部にある気門から空気をとりこんで呼吸する。
その他	クモのなかま，ムカデのなかまなど。クモの体は，頭胸部と腹部の2つに分かれていて，頭胸部に4対のあしがある。ムカデの体は，頭部と胴部に分かれていて，胴部の1節ごとに1対のあしがある。

外とう膜…イカ，タコ，アサリなどの軟体動物の体
には，背骨も外骨格もなく，筋肉でできた節のな
いあしと内臓を包む外とう膜がある。

Point! 12 生物分野②

基本問題 P.32

解答例

1. A．葉緑体　B．気孔
2. (1)昼　　(2)酸素
3. (1)蒸散　　(2)気孔をふさぐため。　　(3)1.1
   　(4)ア

解説

1. 図1では，**細胞がすき間なく並んでいる**上の方が葉の表側だと考えられる。1つ1つの細胞にはAのような**葉緑体**がたくさんあり，ここで光合成が行われる。また，Bは，2つの三日月形の細胞(**孔辺細胞**)に囲まれたすき間だから**気孔**である。

2. **呼吸**は昼も夜も<u>1日中行われる</u>が，**光合成**は光が強い<u>昼</u>にさかんに行われ，光があたらない<u>夜には行われない</u>。したがって，光合成がさかんに行われているAは昼であり，光合成が行われるときにとりこまれるアは二酸化炭素，放出されるイは酸素である。

3. (1)　体内の水が，おもに葉の表面にある気孔から水蒸気となって出ていく現象を**蒸散**という。<u>蒸散がさかんに起こると，根からの水の吸い上げがさかんになる</u>。

   (2)(3)　気孔がワセリンによって<u>ふさがれると，その部分から水蒸気が出ていかなくなる</u>から，Aの水の減少量は葉の表側と葉の裏側と茎からの蒸散量，Bの水の減少量は葉の表側と茎からの蒸散量，Cの水の減少量は葉の裏側と茎からの蒸散量，Dの水の減少量は茎からの蒸散量である。したがって，葉の裏側からの蒸散量は〔Aの水の減少量－Bの水の減少量〕，または〔Cの水の減少量－Dの水の減少量〕で求めることができるから，2.0－0.9＝1.1（g），または1.4－0.3＝1.1（g）となる。なお，同様に考えると，葉の表側からの蒸散量は 2.0（Aの水の減少量）－1.4（Cの水の減少量）＝0.6（g），または 0.9（Bの水の減少量）－0.3（Dの水の減少量）＝0.6（g）となり，<u>葉の裏側からの蒸散量の方が多い</u>ことがわかる。このようになるのは，気孔が葉の裏側に多くあるためだと考えられる。

(4)　図3の種子植物は葉脈が**平行脈**になっているから**単子葉類**である。単子葉類では，茎の**維管束**がアのようにばらばらになっていて，赤インクを溶かした水を運ぶ管である**道管**は茎の中心に近い方を通っている。なお，**双子葉類**では，茎の維管束がイやウのように**輪状に並んでいる**。イは道管，ウは**師管**が黒くぬられている。エは根の師管が黒くぬられている。

その他の重要語句の説明

葉のつき方…葉に光があたると光合成が行われる。このため，できるだけ多くの葉ができるだけ多くの光を受けられるように，上から見て互いに重なり合わないようについている(右図)。

ヨウ素液…デンプンに反応して青紫色に変化する試薬。

ふ入りの葉…「ふ」は葉緑体がなく，緑色ではない部分。光合成に必要な条件を確かめる実験を行うときに使われる。右図のように一部をアルミニウムはくでおおったふ入りの葉を，一晩暗室に置き，翌日，光を十分にあてると，①の部分だけでデンプンがつくられることが確認できる。このため，光合成には光と葉緑体が必要だとわかる。

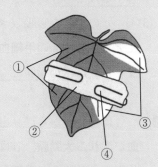

①：光があたった緑色の部分
②：光があたらなかった緑色の部分
③：光があたったふの部分
④：光があたらなかったふの部分

基本問題 P.34

解答例

■ ❶ A. 細胞壁　B. 細胞膜　C. 液胞
　　D. 葉緑体　E. 核
■ ❷ (1)消化酵素　　(2)A，F　　(3)a．毛細血管
　　b．リンパ管　c．柔毛　　(4)a　　(5)表面積
　　が大きくなり，養分を効率よく吸収できる。
■ ❸ (1)肺胞　　(2)a

解説

❶ 1つしかないEが核，緑色の粒のDが葉緑体，Cが
液胞である。なお，植物の細胞と動物の細胞の違いは，
細胞壁，液胞，葉緑体の有無だけでなく，細胞が分裂
するときにも見られる。植物の細胞では中央部分に仕
切りができて分裂し，動物の細胞では中央がくびれて
分裂する。

❷(2)　Aはだ液腺，Bは食道，Cは肺，Dは胃，Eは肝
臓，Fはすい臓，Gは胆のうである。これらのうち，
消化液をつくるのはA（だ液），D（胃液），E（胆汁），
F（すい液）であり，デンプンの消化に関係する消化
液はアミラーゼを含むだ液とすい液である。なお，
デンプンはブドウ糖がいくつかつながったものであ
り，アミラーゼのはたらきによってブドウ糖が2つ
つながった麦芽糖に分解される。これが最終的にH
の小腸の壁の消化酵素でブドウ糖に分解される。消
化とは，大きな分子の物質を小さな分子の物質に分
解するはたらきである。

(3)(4)　cの柔毛から吸収された養分のうち，ブドウ糖
とアミノ酸はaの毛細血管に入り，脂肪酸とモノグ
リセリドは再び脂肪となってbのリンパ管に入る。

❸(2)　aは左心室から送り出された酸素を多く含む動脈
血が流れる大動脈，bは体の各部を通ってきた二酸
化炭素を多く含む静脈血が流れる大静脈，cは小腸
を通ったあとの静脈血が流れる門脈，dは右心室か
ら送り出された静脈血が流れる肺動脈である。なお，
肺で二酸化炭素を排出し，酸素をとりこんだ直後の
動脈血が流れるのは肺静脈である。心臓から送り出

された血液が流れる血管を動脈，心臓に戻ってくる
血液が流れる血管を静脈というのに対し，酸素を多
く含む血液を動脈血，二酸化炭素を多く含む血液を
静脈血というため，肺動脈には静脈血が，肺静脈に
は動脈血が流れることになる。また，小腸を通った
直後の血液にはブドウ糖やアミノ酸が多く含まれ，
じん臓を通った直後の血液には尿素などの不要な物
質があまり含まれていないなど，器官のはたらきと
血液の特徴を結びつけて考えられるようにしておこ
う。

その他の重要語句の説明

いろいろな消化酵素…だ液にはアミラーゼ，胃液に
はペプシン，すい液にはアミラーゼ，トリプシン，
リパーゼが含まれる。アミラーゼはデンプン，ペ
プシンとトリプシンはタンパク質，リパーゼは脂
肪にはたらく。

ベネジクト液…デンプンはだ液によってブドウ糖が
2つつながったもの（麦芽糖）や3つつながったも
のなどに分解される。これらの物質にベネジクト
液を加えて加熱することで，赤褐色の沈殿が生じ
る（加熱するときには沸騰石を入れる）。

横隔膜…肺の下にある筋肉。横隔膜が縮んで下がる
と肺が広がって空気が入り，横隔膜がゆるんで元
に戻ると肺が縮んで空気が出ていく。

ヘモグロビン…赤血球に含まれる赤い色素。酸素の
多いところでは酸素と結びつき，酸素の少ないと
ころでは酸素をはなす性質がある。

心臓のつくり…
右図参照。心
臓は筋肉でで
きている。血
液の逆流を防
ぐための弁が
あり，広がっ
た部屋には血
液が流れこみ，
縮んだ部屋からは血液が送り出される。

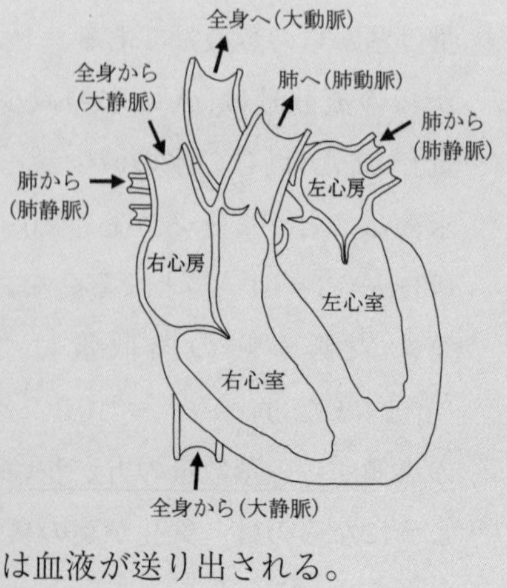

Point! 14 生物分野④

基本問題 P.36

解答例

1 (1)反射　(2)反応1…A　反応2…B

2 A，D

3 (1)イ→オ→エ→ウ　(2)細胞分裂によって細胞の数がふえ，1つ1つの細胞が大きくなることで根がのびる。

4 ①生殖細胞　②受精卵　③有性生殖　④染色体　⑤減数分裂

解説

1(1)　〈反応1〉の**反射**は，意識して起こす反応に比べて刺激を受けとってから反応するまでの時間が短く，危険から身を守ることに役立つ。また，ひとみの大きさが明るさによって変化することや，食物を口の中に入れるとだ液が出ることなど，体のはたらきを調節するのに役立つ反射もある。

(2)　Aは**脊髄**，Bは**脳**，Cは**運動神経**，Dは**感覚神経**，Eは**感覚器官**（皮ふ），Fは**筋肉**である。

2　筋肉は関節をへだてて2つの骨についている。うでの筋肉のように対になっている筋肉では，一方が縮むともう一方がゆるむ。うでをのばすときにはAがゆるみ，うでを曲げるときにはDがゆるむ。

3(2)　ウの仕切りで分けられた左右の1つ1つが細胞になるから，細胞分裂することで細胞の数は2倍になる。ただし，ウのときと同じ大きさのままでは，体は大きくならない。生物が成長するには，細胞分裂によって細胞の数がふえることと，分裂した1つ1つの細胞が大きくなることが必要である。なお，図3のように細胞を観察するときの手順は次の通りである。

- 細胞分裂がさかんに行われている根の先端を切りとり，柄つき針で細かくくずす。
- 細胞と細胞をはなれやすくするために塩酸につけ，核を染めるために酢酸オルセイン溶液などの染色液につける。

- カバーガラスをろ紙でおおい，上から指でゆっくりおしつぶして，細胞の重なりを少なくする。

4　種いもから新しい個体をふやす方法は，精細胞と卵細胞などの**生殖細胞**を必要としない**無性生殖**であり，特に**栄養生殖**という。これに対し，種子は，精細胞の核と卵細胞の核が合体してできた**受精卵**が成長することでできるから，種子によってなかまをふやす方法は**有性生殖**である。生殖細胞がつくられるときに行われる**減数分裂**では，染色体の数が体細胞の半分になる。これは，生物の種類によって染色体の数が決まっていて，受精卵の染色体の数を体細胞と同じにするためである。例えば，ジャガイモの染色体の数は48本だから，減数分裂によってできる生殖細胞の染色体の数は48÷2＝24（本）であり，生殖細胞が合体してできる受精卵の染色体の数は24＋24＝48（本）で，体細胞の染色体の数と同じになる。

その他の重要語句の説明

耳のつくり…右図参照。空気の振動を鼓膜でとらえると，その振動は耳小骨で増幅されてうずまき管に伝わる。うずまき管には音の刺激を受けとる細胞があり，刺激を信号にかえ，聴神経を通して脳に送る。

染色液…酢酸オルセイン溶液や酢酸カーミン溶液などの染色液を使って細胞の核や染色体を染めることで，細胞を観察しやすくする。

栄養生殖…無性生殖の一種。植物の体の一部から新しい個体をつくったり，植物の体の一部に養分をたくわえて新しい個体をつくったりしてふえる生殖方法。

花粉管…花粉がめしべの柱頭につくと，花粉から柱頭の内部へと花粉管がのびる。花粉管の中を精細胞が移動し，胚珠の中にある卵細胞に達すると，それぞれの核が合体し，受精卵ができる。

15 生物分野⑤

基本問題 P.38

解答例

1 (1)純系　(2)潜性　(3)分離の法則
　　(4)親の代…ア　子の代…エ　(5)ウ，エ，オ

2 イ→ウ→ア

解説

1(1)(2)　**純系**の赤い花と純系の白い花をかけ合わせてできた子の代がすべて赤い花をつけたことから，この植物の花の色では，赤が**顕性**，白が**潜性**だとわかる。

(4)　図2の対になっている染色体が1つずつに分かれて生殖細胞に入るから，親の代の赤い花がつくる生殖細胞の染色体はすべてア，親の代の白い花がつくる生殖細胞の染色体はすべてイになる。子の代はアとイが合体することでできるから，子の代の体細胞の染色体はすべてエになる。このように子は両親からそれぞれの染色体を半分ずつ受け継ぐが，対立形質を伝える遺伝子をもつ染色体を1つずつ受け継いだ場合には，顕性形質が現れる。

(5)　子の代を両親としたとき，減数分裂によってできる生殖細胞の染色体は，両親ともに(4)のアとイである。両親のアどうしが合体するとウ，両親のアとイが合体するとエ，両親のイどうしが合体するとオになる(下図)。なお，数の比は，ウ：エ：オ＝
1：2：1であり，現れる形質の数の比は，
赤い花：白い花＝(ウ＋エ)：オ＝3：1である。

2　図3では，下の生物が上の生物に食べられる。生物の数量の変化は，エサと敵の数に着目し，エサがふえればふえ，敵がふえれば減ると考えればよい。何らかの原因で植物が減ると，エサが減ることになるから草食動物は減る(イ)。草食動物が減ると，敵が減ることになるから植物はふえ，エサが減ることになるから肉食動物は減る(ウ)。植物がふえ，肉食動物が減ると，エサがふえ，敵が減ることになるから草食動物はふえる(ア)。さらに，草食動物がふえると，エサがふえることになるから肉食動物はふえ，再びつり合いのとれた状態に戻る。

その他の重要語句の説明

メンデル…19世紀の中ごろ，エンドウを使って，種子の形や色などの形質の伝わり方を研究した人物。エンドウの花は，めしべとおしべが花弁に包まれているため，中に昆虫が入ったり，他の花の花粉がついたりしにくく，自然状態では花粉が同じ花のめしべにつく自家受粉が行われるため，交配実験を行うのに都合がよかった。

シソチョウ…体が羽毛でおおわれ，前あしが翼になっているという鳥類の特徴と，歯や長い尾をもち，翼の先には爪があるというは虫類の特徴の両方を合わせもつ生物。このような生物が存在したことから，鳥類はは虫類から進化したと考えられている。

生態系…ある地域に生息するすべての生物と，それをとりまく環境をひとつのまとまりとしてとらえたもの。

物質の循環…炭素や酸素などの物質は，生産者，消費者，分解者などの生物と自然環境との間を循環している(下図)。

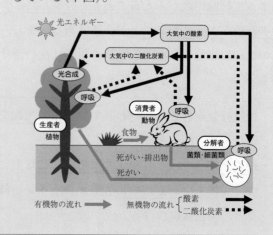

応用問題 P.39～42

解答例

1 (1)A. エ B. イ C. ア D. ウ E. オ
(2)裸子 (3)離弁花 記号…イ, エ, オ

解説

1(1)(2) AとBは花がさかず, 種子ではなく胞子でなかまをふやす。根, 茎, 葉の区別がないAがコケ植物, 根, 茎, 葉の区別があるBがシダ植物である。C〜Eは花がさき, 種子でなかまをふやす種子植物である。胚珠がむき出しのCが裸子植物, 胚珠が子房の中にある被子植物のうち, 子葉が1枚のDが単子葉類, 子葉が2枚のEが双子葉類である。

(3) 双子葉類はさらに, 花弁が1枚1枚離れている離弁花類(イ, エ, オ)と, 花弁がくっついている合弁花類(アとウ)に分類できる。なお, タンポポなどのキク科の植物の花は1つの大きな離弁花のように見えるが, それは小さい花がたくさん集まったものであり, 1つ1つの小さい花は合弁花である。

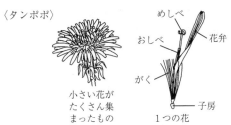

〈タンポポ〉
めしべ
おしべ
花弁
がく
小さい花がたくさん集まったもの
子房
1つの花

解答例

2 (1)葉の緑色が脱色されるから。
(2)記号…Y／青紫 (3)光があたること。
(4)無機物から有機物をつくるから。

解説

2(1)～(3) ヨウ素液はデンプンに反応して青紫色に変化する。葉をあたためたエタノールに入れることで葉の緑色が脱色され, ヨウ素液の色が変化したかどうかが観察しやすくなる。光合成を行うために必要な条件として, 水, 二酸化炭素, 葉緑体, 光などがあるが, この実験で確かめられるのは, 光合成に光が

必要かどうかということだけである。アルミニウムはくでおおったXでは, 光があたらず, 光合成が行われないため, ヨウ素液の色が変化しない。これに対し, 光があたるYでは光合成が行われ, デンプンがつくられるため, ヨウ素液の色が青紫色に変化する。

(4) 植物は光合成により, 水や二酸化炭素などの無機物からデンプンなどの有機物をつくり出すため, 生産者とよばれている。これに対し, 他の生物から栄養分を得ている草食動物や肉食動物を消費者という。ある生態系において, 生産者の数量は草食動物よりも多く, 草食動物の数量は肉食動物よりも多い。

（力をつける）もう一問！

青色のBTB溶液を試験管に入れ, ストローで息をふきこんで緑色にした。さらに, 右図のようにオオカナダモを入れてゴム栓をし, 十分に光をあてると, 溶液の色が青色に変化した。その理由を, 植物のはたらきと気体の増加, または減少に着目して書け。

緑色のBTB溶液
光
オオカナダモ

〈解説〉
BTB溶液は酸性で黄色, 中性で緑色, アルカリ性で青色に変化する。青色のBTB溶液が息をふきこむことで緑色になったのは, はく息に含まれている二酸化炭素が溶けたためである(二酸化炭素は水に溶けると酸性を示す)。ここでは, 光を十分にあてることで, **答オオカナダモが呼吸よりも光合成をさかんに行って, 二酸化炭素が減少したから**, BTB溶液が元の青色に戻った。酸素の増減は, BTB溶液の色の変化に影響を与えないことに注意しよう。

解答例

3 (1)a. 胎生 b. 羽毛 (2)A. 魚 B. 両生
C. は虫 D. 鳥 E. 哺乳 (3)進化
(4)C, D (5)同じものから変化したと考えられる器官。

解説

3(1)(2) 卵生以外の子の生まれ方(a)は胎生であり, E

は**哺乳類**だとわかる。一生えら呼吸のAは**魚類**，子と親で呼吸方法がかわるBは**両生類**であり，魚類以外で体がうろこでおおわれているCは**は虫類**だから，Dは**鳥類**である。したがって，bには羽毛があてはまる。

(4) シソチョウは，体が羽毛でおおわれ，前あしが翼になっているという**鳥類**の特徴と，歯や長い尾をもち，翼の先には爪があるという**は虫類**の特徴をもっていたと考えられている。

もう一問！

表側には1〜4の数字が，裏側には脊椎動物の特徴が書かれたカードが4枚ある。裏側に書かれた特徴は，「背骨がある」，「肺で呼吸する時期がある」，「体がうろこでおおわれている」，「胎生である」のいずれかである。あてはまる特徴の表側に書かれた数字の合計が，カエルで5，ヤモリで7，サメで6になるとき，コウモリの数字の合計はいくつになるか。

〈解説〉
は虫類のヤモリと両生類のカエルの数字の合計の差は7−5＝2で，これが「体がうろこでおおわれている」のカードの表側に書かれている数字である。哺乳類であるコウモリは，「体がうろこでおおわれている」以外の3つの特徴があてはまり，1〜4の数字の合計は10だから，コウモリの数字の合計は10−2＝(答)**8**である。

解答例

4 (1)沸騰石を入れて加熱する。　(2)**イ**　(3)**分子の大きな物質を分子の小さな物質に分解するはたらき。**

解説

4(1)　ヨウ素液は特別な操作を必要とせず，デンプンと反応して青紫色に変化する。これに対し，**ベネジクト液**はデンプンが分解されてきた物質に加えただけでは反応せず，加熱をすることで赤褐色の沈殿が生じる。加熱をするときには沸騰石を入れ忘れないように注意しよう。

(2)　**だ液**にはデンプンをより分子の小さな糖（ブドウ糖が2つつながった麦芽糖やブドウ糖が3つつな

がったものなど）に分解するはたらきがある。だ液を加えていない袋Aではデンプンは分解されず，だ液を加えた袋Bではデンプンが分解されるから，表の結果からもわかる通り，袋Aの中の液（Ⅰ）はヨウ素液に反応し，袋Bの中の液（Ⅰ）はベネジクト液に反応する。さらに，それぞれの袋の外のビーカーに残った液（Ⅱ）の結果に着目すると，袋Aではヨウ素液に反応せず，袋Bではベネジクト液に反応しているから，デンプン（a）はセロハンの小さな穴（c）を通り抜けないが，ベネジクト液に反応した物質（b）はセロハンの小さな穴を通り抜けたということである（a＞c＞b）。

(3)　デンプンは**ブドウ糖**がいくつかつながったもの，タンパク質はいろいろな種類の**アミノ酸**がつながったもので，最終的に1つ1つのブドウ糖やアミノ酸に分解される。また，脂肪は1つのグリセリンと3つの脂肪酸が結びついたもので，最終的にグリセリンと1つの脂肪酸が結びついた**モノグリセリド**と2つの**脂肪酸**に分解される。

もう一問！

心臓から全身に血液が送り出されるときに縮む部屋を，右図のア〜エから2つ選べ。

　　　　と

〈解説〉
縮んだ部屋からは血液が出ていき，ゆるんだ部屋には血液が流れこむ。心臓から全身に血液を送り出す部屋は左心室だから，このとき縮む部屋は左心室（イ）である。また，左心室が縮むときには同時に右心室（ウ）も縮み，肺に血液が送り出される。したがって，(答)**イとウ**である。左心室と右心室，左心房（ア）と右心房（エ）は，それぞれ同時に縮んだりゆるんだりする。

もう一問！

熱いものに手がふれたときに，思わず手を引っこめる反応（A）と，飛んできたボールを目で見て，そのボールをキャッチする反応（B）について，信号が伝わる順になるように，次のア〜エを並べよ。ただし，同じ記号を2回以上使ってもよい。

ア　脳　　イ　脊髄　　ウ　運動神経　　エ　感覚神経

A：刺激⇒皮ふ→　　　　　　　　　　→筋肉

B：刺激⇒目→　　　　　　　　　　　→筋肉

解答例

5 (1)対立形質　　(2)ＤＮＡ〔別解〕デオキシリボ核酸　　(3)自家受粉　　(4)花粉管　　(5)イ
(6)エ　　(7)3：1　　(8)1：1

解説

5(1)　丸形の種子としわ形の種子のように1つの種子に同時に現れない形質を**対立形質**という。対立形質をもつ**純系**どうしをかけ合わせると，子には必ずどちらか一方の形質が現れる。このとき，子に現れた形質を**顕性**，子に現れなかった形質を**潜性**という。

(3)　**自家受粉**に対し，花粉が別の花のめしべについて受粉することを他家受粉という。

(4)　花粉が柱頭につくと**花粉管**をのばし，その中を精細胞が移動する。精細胞の核が，胚珠の中にある卵細胞の核と合体することで**受精卵**ができ，成長すると受精卵が**胚**に，胚珠が**種子**になる。なお，花粉管の観察をするとき，花粉を砂糖水に落とすのは，柱頭と同じような状態にするためである。

(5)　Xの**遺伝子**の組み合わせはＡＡ，Ｙの遺伝子の組み合わせはａａであり，**減数分裂**によってつくられるＸの**生殖細胞**の遺伝子はすべてＡ，Ｙの生殖細胞の遺伝子はすべてａだから，子の代の遺伝子の組み合わせはすべてＡａになる。すべての子はＡとａの遺伝子をもっているが，形質として現れるのは顕性であるＡの丸形だけである。

	A	A
a	Ａａ (丸)	Ａａ (丸)
a	Ａａ (丸)	Ａａ (丸)

(6)(7)　子の代の遺伝子の組み合わせはすべてＡａであり，減数分裂によってつくられる生殖細胞の遺伝子はＡかａだから，孫の代の遺伝子の組み合わせとその数の比は，ＡＡ：Ａａ：ａａ＝1：2：1である。遺伝子ａをもつのはＡａとａａだから，その割合は $\frac{2+1}{1+2+1}\times100=75$（％）である。また，ＡＡとＡａが丸形，ａａがしわ形だから，丸形としわ形の数の比は，(1＋2)：1＝3：1である。
(6)では，遺伝子ａの形質が現れる種子の割合を求めるのではないことに注意しよう。

	A	a
A	ＡＡ (丸)	Ａａ (丸)
a	Ａａ (丸)	ａａ (しわ)

(8)　子の代の遺伝子の組み合わせはＡａ，Ｙの遺伝子の組み合わせはａａであり，減数分裂によってつくられる子の代の生殖細胞の遺伝子はＡかａ，Ｙの生殖細胞の遺伝子はすべてａだから，できる種子の遺伝子の組み合わせとその数の比は，Ａａ：ａａ＝(1＋1)：(1＋1)＝1：1である。Ａａが丸形，ａａがしわ形だから，丸形としわ形の数の比は，1：1である。

	A	a
a	Ａａ (丸)	ａａ (しわ)
a	Ａａ (丸)	ａａ (しわ)

もう一問！

応用問題**5**の孫の代てできた丸形の種子としわ形の種子をすべて自家受粉させたとき，ひ孫の代に現れる丸形としわ形の数の比を，最も簡単な整数比で書け。

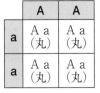

丸形：しわ形＝

....

〈解説〉
孫の代では，ＡＡ：Ａａ：ａａ＝1：2：1であり，孫の代のＡＡの自家受粉てできるひ孫の代はすべてＡＡ，孫の代のＡａの自家受粉てできるひ孫の代はＡＡ：Ａａ：ａａ＝1：2：1，孫の代のａａの自家受粉てできるひ孫の代はすべてａａである。したがって，孫の代の自家受粉てできるひ孫の代のＡＡの数を$4x$個とすると，次ページの表のようにまとめられる。したがって，ひ孫の代に現れる遺伝子の組み合わせとその数の比は，
ＡＡ：Ａａ：ａａ＝$(4x+x+x)$：$(2x+2x)$：$(x+x+4x)$＝3：2：3であり，ＡＡとＡａが丸形，ａａがしわ形だから，

丸形：しわ形＝（3＋2）：3＝**答5：3**である。孫の代では，
Ａａの数がＡＡやａａの2倍になることに注意しよう。

孫の代	ひ孫の代		
ＡＡ	すべてＡＡ		4x
Ａａ	ＡＡ：Ａａ：ａａ＝1：2：1	ＡＡ：Ａａ：ａａ＝x：2x：x	
Ａａ	ＡＡ：Ａａ：ａａ＝1：2：1	ＡＡ：Ａａ：ａａ＝x：2x：x	
ａａ	すべてａａ		4x

解答例

6 (1)微生物が入らないようにするため。

(2)微生物を死滅させるため，沸騰させた。

(3)デンプンを分解する。

(4)①消費　②分解　(5)A．**イ，オ**　E．**酸素**

解説

6(1)　空気中の微生物が入り，<u>実験の結果に影響を与える可能性がある</u>。ふたをして花だんの土に含まれていた微生物以外のはたらきを受けないようにする。

(2)　表より，ペトリ皿Ｂでは培地の表面に微生物によるかたまりが現れなかったから，<u>上ずみ液にある処理をしたことで微生物がいなくなった，または微生物がはたらきを失った</u>と考えられる。微生物は非常に小さく，ピンセットなどでとり除くことはできないから，上ずみ液を沸騰させるなどして微生物を死滅させればよい。

(3)　表より，微生物のかたまりが現れたペトリ皿Ａでは，かたまりとその周辺でヨウ素液による反応がなかった（デンプンがなかった）が，<u>微生物を死滅させたペトリ皿Ｂでは，表面全体が青紫色に変化した（デンプンがあった）</u>から，ペトリ皿Ａでは微生物のはたらきによってデンプンが分解されたと考えられる。

(4)　**分解者**には，カビやキノコなどの**菌類**，乳酸菌や大腸菌などの**細菌類**，ミミズやダンゴムシなどの土の中の生物が含まれる。<u>菌類の体は菌糸からできていて，胞子でふえるものが多い</u>。<u>細菌類は単細胞生物で，分裂によってふえる</u>。菌類や細菌類が有機物を分解するはたらきを利用してつくられたものに，みそ，納豆，しょう油，ヨーグルトなどがある。

(5)　Ｄはすべての生物が放出している気体だから二酸化炭素，Ｅはすべての生物がとりこんでいる気体だから酸素である。また，<u>酸素と二酸化炭素の両方を放出したりとりこんだりしているＡが光合成と呼吸の両方を行う生産者</u>であり，<u>ＡとＢの両方から養分を得ているＣが分解者</u>，Ｂが消費者である。したがって，Ａにはケイソウ（イ）とコナラ（オ），Ｂにはリス（エ）とミジンコ（カ），Ｃにはミミズ（ア）と乳酸菌（ウ）があてはまる。

🏋 **もう一問！**

下の図は自然界における物質の移動を示したもので，Ａ～Ｃには生産者，消費者，分解者のいずれかが，ＤとＥには気体があてはまる。無機物としての炭素の移動を表す矢印と，有機物としての炭素の移動を表す矢印を，ア～サからすべて選べ。

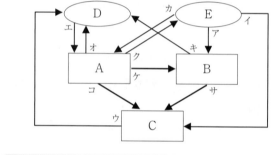

無機物	有機物

〈解説〉

Ａ～Ｅについては，応用問題6と同じだから，Ａが生産者，Ｂが消費者，Ｃが分解者，Ｄが二酸化炭素，Ｅが酸素である。ここでは，無機物としての炭素とは二酸化炭素のことだから，その移動を表す矢印は，**答ウ，エ，オ，キ**である。これに対し，有機物としての炭素とは，生産者がつくったデンプンなどの有機物，生産者や消費者のふんや死がいなどに含まれる有機物のことだから，その移動を表す矢印は，**答ケ，コ，サ**である。

16 地学分野①

時間であり，初期微動継続時間は震源からの距離に比例する。したがって，震源からの距離が200kmの地点での初期微動継続時間が25秒であれば，図3のゆれを記録した地点では，初期微動継続時間が8秒だから，震源からの距離は$200 \times \dfrac{8}{25} = 64$（km）である。

基本問題 P.44

解答例

1 (1)B　(2)ウ　(3)つくり…等粒状組織
火成岩…深成岩　(4)無色鉱物

2 (1)初期微動　(2)初期微動継続時間　(3)64

解説

1(1) マグマのねばりけが強いほど，盛り上がった形の火山になる。なお，マグマのねばりけが強いと，噴火のようすは激しく，白っぽい火成岩ができる。

(2) アとイは図1のAのような形をした火山で，エは図1のCのような形をした火山である。

(3) 図2のように大きな鉱物が組み合わさってできたつくりは，マグマが地下深くでゆっくり冷えて固まってできた深成岩に見られる等粒状組織である。なお，マグマが地表付近で急に冷えて固まった火成岩は，石基と斑晶からなる斑状組織をもつ火山岩である。

(4) 無色鉱物に対し，クロウンモのように黒っぽい色の鉱物を有色鉱物という。なお，図2の深成岩は，セキエイとクロウンモが含まれていることから，最も白っぽい花こう岩だと判断できる。また，カンラン石が多く含まれていれば，最も黒っぽい火成岩だと考えてよい。火成岩について，下表の内容を覚えておこう。

岩石の色	黒っぽい ← → 白っぽい		
マグマの ねばりけ	小さい ← → 大きい		
火山岩 （斑状組織）	玄武岩	安山岩	流紋岩
深成岩 （等粒状組織）	斑れい岩	せん緑岩	花こう岩
無色鉱物と 有色鉱物の 割合	無色鉱物 有色鉱物		

2 はじめに起こる小さなゆれAはP波による**初期微動**である。なお，あとに続く大きなゆれBはS波による**主要動**である。P波とS波は震源で同時に発生するが，P波の方が伝わる速さが速いため，震源以外ではP波とS波の到着時刻に差が生じる。これが**初期微動継続**

その他の重要語句の説明

火山噴出物…溶岩や火山灰の他に，火山れき，火山弾，軽石，火山ガスなどもある。火山ガスの主成分は水蒸気で，二酸化炭素や硫化水素なども含まれる。

ハザードマップ…火山噴火や地震などによる災害の軽減や防災対策のために，避難場所や避難経路などを示した地図。

活断層…過去に地震を起こした断層で，今後もずれて動く可能性がある断層。海洋プレートにおされることで大陸プレートの内部で断層ができたり，活断層が再びずれたりして起こる地震を内陸型地震という。内陸型地震は，マグニチュードが小さくても，震源が浅ければ震源距離が小さくなり，大きな被害をもたらすことがある。

隆起と沈降…地震や火山活動などによって，土地がもち上がることを隆起，土地が沈むことを沈降という。海岸近くで隆起が起きると，平らな土地と急ながけが階段状に並ぶ海岸段丘ができる。

液状化…海岸の埋め立て地などの砂や泥でできた土地で，地震のゆれによって地面が急にやわらかくなる現象。

Point! 17 地学分野②

基本問題 P.46

解答例

1 (1)粒の大きさ〔別解〕粒の直径　　(2)流水のはたらきによって角がとれるから。
　　(3)二酸化炭素　　(4)凝灰岩　　(5)だんだん高くなった。　　(6)あたたかくて浅い海。　　(7)ア
　　(8)地質年代…**新生代**　化石…**示準化石**

解説

1(2)　**れき岩や砂岩**などの**堆積岩**では，川を流れてくる間に川底や他の石とぶつかるなどして角がとれ，含まれる粒が丸みを帯びる。

(3)　**石灰岩**は，貝殻やサンゴなどの炭酸カルシウムを主成分とする生物の死がいがおし固められてできた堆積岩である。このため，塩酸と炭酸カルシウムが反応して，二酸化炭素が発生する。なお，石灰岩と同様に生物の死がい（放散虫などの骨格）がもとになる堆積岩に**チャート**がある。チャートの主成分は二酸化ケイ素（セキエイ）で，塩酸をかけても二酸化炭素は発生しない。また，鉄くぎで表面をひっかいたとき，石灰岩には傷がつくが，チャートには傷がつかない（チャートは石灰岩よりも固い）。

(4)　火山灰などの火山噴出物がおし固められてできた岩石が**凝灰岩**である。凝灰岩は(2)解説のような流水のはたらきを受けていないため，含まれる粒が角ばっている。

(5)　地層はふつう，下にあるものほど古い時代に堆積したものである。したがって，Aの部分では，れき岩→砂岩→泥岩の順に堆積したと考えられる。また，れき岩，砂岩，泥岩の違いは，(1)より，粒の大きさであり，小さい粒ほど軽いので，河口から離れた深い海に堆積する。粒が大きい順に，れき岩＞砂岩＞泥岩だから，れき岩が堆積したときには浅い海で，泥岩が堆積したときには深い海であったと考えられる。以上のことから，Aの部分が堆積したときには，浅い海から深い海に変化したと考えられる。海が深くなるということは，海水面が高くなるということである。

(6)　サンゴの化石のように地層が堆積した当時の環境を示す化石を**示相化石**という。

(7)(8)　ビカリアの化石のように地層が堆積した地質年代を示す化石を**示準化石**という。(7)のアがビカリア，イが恐竜，ウがアンモナイト，エがサンヨウチュウの化石である。サンヨウチュウが生息した**古生代**は約5億4000万年前〜約2億5000万年前，恐竜とアンモナイトが生息した**中生代**は約2億5000万年前〜約6600万年前，ビカリアが生息した**新生代**は約6600万年前〜である。

その他の重要語句の説明

風化…気温の変化や風雨のはたらきなどによって，岩石の表面がくずれること。

流水のはたらき…侵食（岩石がけずられること），運搬（土砂が運ばれること），堆積（土砂が積もること）の3つがある。傾きが急で流れが速い上流では川底が深く侵食されてV字谷ができ，山地から平地へ出て流れが急に遅くなるところでは土砂が堆積して扇状地ができ，川幅が広く，流れが遅い河口付近では土砂が堆積して三角州ができる。また，上流にある石ほど大きく角ばっていて，下流にある石ほど小さく丸みを帯びている。

しゅう曲…地層をおし縮めるように力がはたらいて，地層が波打つように曲げられたもの（右図）。

基本問題 P.48

[解答例]

1 (1)晴れ　　(2)54.3　　(3)10　　(4)寒冷　　(5)ウ
2 (1)冬　　(2)**西高東低**　　(3)記号…B　理由…B
の方が等圧線の間隔が狭いから。

[解説]

1(1)　空全体を10としたときの雲が占める割合を**雲量**という。降水がなく，雲量が2～8の間であれば，天気は晴れである。

(2)　〔湿度(%)＝$\dfrac{\text{空気中の水蒸気量(g/㎥)}}{\text{その気温での飽和水蒸気量(g/㎥)}}$×100〕で求める。気温は20℃だから，図1より飽和水蒸気量は17.3 g/㎥であり，空気中の水蒸気量は9.4 g/㎥だから，湿度は$\dfrac{9.4}{17.3}$×100＝54.33…→54.3％である。

(3)　空気の温度を下げていったときに水蒸気が凝結し始める温度を**露点**という。露点は，飽和水蒸気量と空気中の水蒸気量が等しくなる温度と考えればよい。理科室の空気中の水蒸気量は9.4 g/㎥だから，図1より飽和水蒸気量が9.4 g/㎥である10℃がこのときの露点である。

(4)　南西側にのびているのが**寒冷前線**，南東側にのびているのが**温暖前線**である。寒冷前線は温暖前線よりも速く移動するため，寒冷前線が温暖前線に追いついて**閉塞前線**ができ，やがて地表付近がすべて寒気でおおわれると，低気圧が消滅する。

(5)　寒冷前線付近では寒気が暖気をおし上げながら進み，温暖前線付近では暖気が寒気の上にはい上がっていく。

2(1)(2)　陸と海では陸の方が冷めやすいため，冬になると，大陸側で**シベリア高気圧**が発達し，日本付近では，西側で気圧が高く，東側で気圧が低い**西高東低**の気圧配置となる。冷たく乾いた**シベリア気団**からふく**北西の季節風**は，日本海を通過するときに大量の水蒸気を含むため，日本海上ではすじ状の雲ができ，さらに日本列島の山脈にぶつかって上昇すると，日本海側を中心に大雪を降らせる。また，大雪を降らせたあとの水蒸気を失った空気が太平洋側にふき下ろすため，太平洋側では晴れて乾燥することが多

い。

(3)　**等圧線**は1000hPaを基準に4hPaごとに引かれ，20hPaごとに太線にする。風は，気圧が高い方から低い方に向かってふき，等圧線の間隔が狭いところほど強くふく。

その他の重要語句の説明

乾湿計と湿度表…乾球温度計と湿球温度計の示度と，湿度表を使って湿度を求めることができる。湿球温度計の球部から水分が蒸発していくときに熱が奪われるため，湿度が100％のとき以外は湿球温度計の示度の方が低い。

温帯低気圧…中緯度地方で発生する，前線をともなう低気圧。北半球では，北から寒気，南から暖気がふきこんでくることで前線面ができる。

台風…熱帯の海上で発生した熱帯低気圧のうち，最大風速が17.2m/s以上になったもの。太平洋高気圧のへりにそうように移動し，日本付近に北上してくると，偏西風の影響を受けて東寄りに進路をかえる。日本列島に上陸するなどして，エネルギー源である水蒸気が供給されなくなると勢力を弱め，熱帯低気圧や温帯低気圧に変化する。

海陸風…陸と海では陸の方があたたまりやすく冷めやすい。このため，昼には陸が先にあたためられて上昇気流が生じ，地表付近の気圧が低くなると，気圧が高い海から風がふいてくる(海風)。これに対し，夜には陸が先に冷めて下降気流が生じ，地表付近の気圧が高くなると，気圧が低い海に向かって風がふく(陸風)。夏と冬の季節風がふく仕組みも，これと同様である。

フェーン現象…しめった空気が山を越え，乾いた熱風となってふき下りる現象。山を越えたあとの空気の方が山を越える前の空気よりも温度が高くなる。

基本問題 P.50

解答例

1 ①日周運動 ②北極星 ③15 ④年周運動
⑤7

2 (1)エ (2)しし (3)78.4

3 (1)カ (2)金星が地球の公転軌道より内側を公
転しているから。

解説

1 地球が１日で１回（24時間で360度）**自転**しているた
め，太陽や北極星などの**恒星**は１時間で$\frac{360}{24}=15$（度）
動いて見える。このような地球の自転による天体の見
かけの動きを**日周運動**という。また，地球の**公転**によ
る天体の見かけの動きを**年周運動**という。地球は１年
で１回（12か月で360度）公転しているから，１か月で
は約$\frac{360}{12}=30$（度）公転する。このため，同じ恒星を同
じ時刻に観察すると，１か月後には約30度ずれた位置
に見える。公転によってずれる方向は自転によってず
れる方向と同じだから，30度のずれを自転によって戻
すために，$\frac{30}{15}=2$（時間）早く観察すればよい。

2(1) 北極側が太陽の方向に傾いているイが夏至だか
ら，ウが秋分，エが冬至，アが春分である。

(2) 真夜中に南中する星座は地球から見て太陽と反対
方向にある。したがって，地球がアの位置にあると
き，太陽と反対方向にあるしし座が，真夜中に南中
する星座である。

(3) 〔**夏至の南中高度＝90－（緯度－23.4）**〕より，
$90-(35-23.4)=90-11.6=78.4$（度）となる。下図の
ように考えれば，この式の仕組みがわかる。

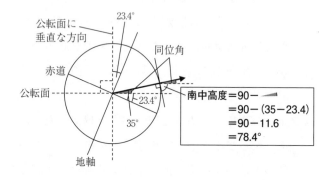

3(1) 図３は明け方に観察した金星（明けの明星）だか
ら，図４では地球から見て太陽の右側にあるオかカ
である。さらに，半円形に見えるのは，地球と金星
を結んだ直線と，太陽と金星を結んだ直線が直角に
交わるときだから，カである。

(2) 真夜中に観察できる天体は，地球から見て太陽と
反対方向にある。地球の公転軌道より内側を公転し
ている金星や水星は，真夜中に観察することができ
ない。

その他の重要語句の説明

恒星…太陽や星座を構成する北極星などの，自ら光
を出している天体。

黒点…太陽を観察したときに見られる黒いしみのよ
うな点。まわりよりも温度が低いため，黒く（暗く）
見える。

太陽系の惑星…太陽のまわりを公転している８つの
大きな天体。太陽に近い方から順に，水星，金星，
地球，火星，木星，土星，天王星，海王星である。
水星，金星，地球，火星を地球型惑星といい，お
もに岩石や金属からなり，密度が大きい。これに
対し，木星，土星，天王星，海王星を木星型惑星
といい，おもに水素やヘリウムなどの気体からな
り，密度が小さい。

銀河系…多数の恒星などからなる天体の大集団。太
陽系は銀河系の中にある。銀河系は凸レンズ状の
円盤のような形をしていて，太陽系はその円盤の
端に近いところにある。

黄道…天球上の太陽の通り道。地球が公転している
ため，太陽が天球上に固定された星座の間を動い
ているように見える。地球の公転周期が１年だか
ら，１年後に再び同じ場所に戻る。

16〜19 地学分野

応用問題 P.51〜54

解答例

1 (1)ウ　(2)チョウ石

解説

1(1)　ねばりけが強いマグマからできた火成岩は白っぽい。また，マグマが地下深くでゆっくり冷えて固まってできた火成岩は等粒状組織をもつ**深成岩**である。したがって，この火成岩は，白っぽい深成岩である花こう岩だと考えられる。

(2)　**無色鉱物**にはセキエイとチョウ石がある。これらのうち，セキエイはおもに白っぽい火成岩に多く含まれている。したがって，(1)のア〜エのすべての火成岩に含まれている無色鉱物はチョウ石である。なお，**有色鉱物**のクロウンモが多く含まれていれば白っぽい火成岩，有色鉱物のカンラン石が多く含まれていれば黒っぽい火成岩，有色鉱物のカクセン石が多く含まれていれば中間の色の火成岩だと判断できる。

無色鉱物		有色鉱物				
セキエイ	チョウ石	クロウンモ	カクセン石	キ石	カンラン石	磁鉄鉱
不規則 無色・白色	柱状・短冊状 白色〜うすい 桃色	板状・六角形 黒色〜褐色 うすくはがれる	長い柱状・ 針状・ 濃い緑色〜黒色	短い柱状・ 短冊状 緑色〜褐色	短い柱状 黄緑色〜褐色 丸みがある	黒色 磁石につく

解答例

2 (1)5.5　(2)下グラフ　(3)P波の方がS波よりも速く伝わるから。　(4)8, 23, 8
(5)①海洋　②大陸　③深

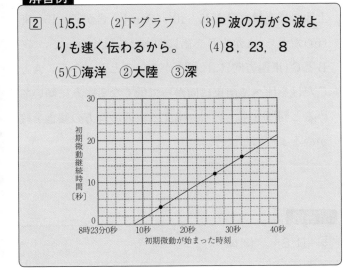

解説

2(1)　**P波**は**初期微動**を伝える波である。表の3地点か

ら2地点を選び，その2地点について震源からの距離の差と初期微動が始まった時刻の差を使ってP波の速さを求めればよい。例えば，AとBでは，震源からの距離の差が99.0−33.0＝66.0（km），初期微動が始まった時刻の差が8時23分26秒−8時23分14秒＝12（秒）だから，P波の速さは$\frac{66.0}{12}$＝5.5（km／s）である。なお，AとBの差に着目して**主要動**を伝える**S波**の速さを求めると，震源からの距離の差が66.0km，主要動が始まった時刻の差が20秒だから，$\frac{66.0}{20}$＝3.3（km／s）である。

(2)　P波による初期微動が始まってからS波による主要動が始まるまでの時間が**初期微動継続時間**である。表の3地点について，初期微動が始まった時刻と初期微動継続時間を示す点をとり，それらを直線で結ぶグラフをかけばよい。

(3)　P波とS波は震源で同時に発生するが，(1)解説からもわかる通り，P波とS波ではP波の方が伝わる速さが速い。このため，震源以外では，初期微動と主要動が始まる時刻に差が生じ，震源からの距離が大きくなるほど初期微動継続時間が長くなる。なお，震源からの距離と初期微動継続時間には比例の関係がある。

(4)　(3)解説の通り，P波とS波は震源で同時に発生するから，震源では初期微動継続時間が0秒になるということである。したがって，(2)のグラフより，初期微動継続時間が0秒のときの初期微動が始まった時刻が，この地震の発生時刻である。また，(1)で求めたP波の速さを利用すると，地震が発生した時刻は，Aで初期微動が始まった8時23分14秒の$\frac{33.0（km）}{5.5（km/s）}$＝6（秒前）の8時23分8秒と求めることもできる。

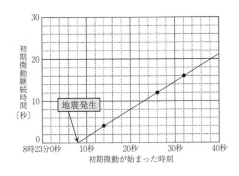

(5) 大陸プレートと海洋プレートがぶつかると，密度が大きい海洋プレートが大陸プレートの下に沈みこんでいく。海洋プレートは，太平洋側から日本海側に向かって沈みこんでいくから，海溝型地震の震源は日本海側にいくにつれて深くなっていく。

力をつける
🖐もう一問！

ある地点において，初期微動が8時12分25秒に始まり，主要動が8時12分37秒に始まった。この地点の震源からの距離は何kmか。ただし，P波の速さを7km/s，S波の速さを4km/sとする。

	km

〈解説〉
この地点の震源からの距離を x km とすると，P波が届くまでの時間は $\dfrac{x}{7}$ 秒，S波が届くまでの時間は $\dfrac{x}{4}$ 秒と表せる。また，初期微動継続時間は8時12分37秒－8時12分25秒＝12秒だから，$\dfrac{x}{4}-\dfrac{x}{7}=12$ が成り立ち，$x=$ 答 **112**（km）である。

解答例

③ (1)示準化石　　(2)ア，イ　　(3)ずれ…断層
力…地層を横からおす力。　　(4)うすい塩酸をかけると，石灰岩はとけるが，チャートは変化しない。／鉄くぎでひっかくと，石灰岩は傷がつくが，チャートは傷がつかない。などから1つ
(5)堆積岩…れき岩　　理由…直径2mm以上の丸みを帯びた粒を含むから。

解説

③(1) **示準化石** に対し，地層が堆積した当時の環境を示す化石を **示相化石** という。

(2) 地層はふつう，下にあるものほど古い時代に堆積したものだから，aに化石として含まれている可能性がある生物は，cに化石として含まれていたアンモナイトと同じ中生代かそれよりも古い時代に生息していた生物である。アとイは**古生代**，ウとエは**新生代**に生息した生物だから，アとイを選べばよい。

(3) 地層を横からおす力がはたらくと，断層の左右で地表の2地点が近づくようにずれる。

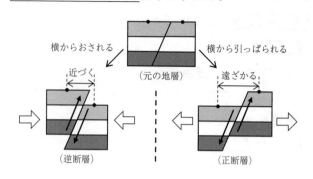

横からおされる　　（元の地層）　　横から引っぱられる
近づく　　　　　　　　　　　　　　遠ざかる
（逆断層）　　　　　　　　　　　　　（正断層）

(5) B層は砂岩，凝灰岩，れき岩からできている。砂岩とれき岩の粒は流水のはたらきを受けて丸みを帯びていて，凝灰岩の粒は角ばっているから，図2は砂岩かれき岩である。また，砂岩とれき岩は粒の大きさで区別されていて，砂岩は粒の直径が0.06mm〜2mm，れき岩は粒の直径が2mm以上だから，直径が2mm以上の粒が含まれている図2の堆積岩はれき岩である。

解答例

④ オ

解説

④ 同じ時期に堆積したと考えられる火山灰の層に着目する。図1と図2より，Aでは，標高50mの地表面から10mの深さにある火山灰の層の上面の標高は50－10＝40（m）だとわかる。同様に考えると，火山灰の層の上面の標高は，Bが45－10＝35（m），Cが50－15＝35（m）だから，AからBへ南に向かって低くなっていて，BとC（東西方向）には傾きがないことがわかる。AとCだけを比べて南東に向かって低くなるように傾いていると判断せず，必ず，南北と東西の両方の傾きを確かめるようにしよう。

解答例

⑤ (1)8　　(2)14

解説

⑤(1) 空気の体積が150m³の理科室で75gの水滴が生じ

たから，1㎥あたりでは$\frac{75}{150}=0.5$（g）の水滴が生じたことになる。75gの水滴が生じたときの室温が7℃であり，7℃の**飽和水蒸気量**は7.8g/㎥だから，<u>水滴ができ始めたときの水蒸気量</u>は，7.8g/㎥よりも0.5g/㎥大きい8.3g/㎥である。したがって，飽和水蒸気量が8.3g/㎥である8℃が，このときの理科室の空気の**露点**である。露点が7℃ではないことに注意しよう。

(2)　乾球の示度（図では20℃）がこのときの気温であり，20℃での飽和水蒸気量は17.3g/㎥である。また，(1)より，露点は8℃で，室温を下げる前の空気中の水蒸気量は8.3g/㎥だから，

〔湿度（％）＝$\dfrac{空気中の水蒸気量（g/㎥）}{その気温での飽和水蒸気量（g/㎥）}×100$〕

より，湿度は$\frac{8.3}{17.3}×100＝47.9…→48％$である。乾球の示度が20℃で，湿度が48％のとき，乾球と湿球の示度の差は6.0℃だから，湿球の示度は20℃よりも6℃低い14℃である。

6 (1)オホーツク海気団／小笠原気団　　(2)①陸　②低　③南東　　(3)偏西風

解説

6(1)　図1に見られる前線は**停滞前線**である。6月ごろになると，冷たくしめった**オホーツク海気団**とあたたかくしめった**小笠原気団**の勢力が強くなり，これらの気団がほぼ同じ勢力でぶつかることで停滞前線ができる。このころにできる停滞前線を特に，**梅雨前線**という。このあと，小笠原気団の勢力がさらに強まると夏になる。さらに，9月ごろになって小笠原気団の勢力が弱まると，再びオホーツク海気団と小笠原気団の勢力が同じくらいになって停滞前線ができる。このころにできる停滞前線を特に，秋雨前線という。

(2)　<u>陸は海よりもあたたまりやすく冷めやすい。</u>このため，夏になると陸が先にあたためられて，陸上で上昇気流が生じる。上昇気流が生じている場所は低気圧となり，風がふきこむ。つまり，夏は太平洋か

らユーラシア大陸に向かって風がふくため，<u>夏の季節風の風向は南東</u>である。なお，冬についても同様に考えると，冬は陸が先に冷めて，陸上で下降気流が生じて高気圧となり，風がふき出す。このため，<u>冬はユーラシア大陸から太平洋に向かって北西の季節風</u>がふく。

(3)　赤道付近で発生した**台風**は，太平洋高気圧の西側のへりにそうように北上し，日本に近づいてくると，日本付近の上空をふく**偏西風**の影響を受けて，<u>進路を東寄りにかえる。</u>

もう一問！

海に面したある地域で，よく晴れた日の4時間ごとの風向を記録すると，表のようになった。この地域では，陸と海の位置関係がどのようになっていると考えられるか，下のア～エから1つ選べ。

4時	8時	12時	16時	20時	24時
西	南東	東	東	北北東	北西

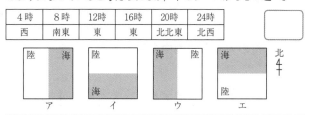

〈解説〉
よく晴れた日は，昼には陸があたためられて気圧が低くなり，海から風がふいてくる。したがって，日中の風向が東寄りだから，東側に海があり，西側に陸がある⑧**ア**のようになっていると考えられる。

7 (1)北極星　　(2)オ，キ

解説

7(1)　**北極星**は，<u>地球の回転の中心である地軸の延長線付近にあるため</u>，地球が自転してもほとんど動かないように見える。

(2)　北の空の星座は，<u>北極星を中心に反時計回りに動いて見える。</u>動く角度は，地球の自転によって1時間で15度→2時間で30度，地球の公転によって1か月で30度である。したがって，<u>地球の自転に着目する</u>と，Aの位置に見えた2時間後にBの位置に見えるから，1月10日の午後8時の2時間後の1月10日

の午後10時（オ）である。また，地球の公転に着目すると，Aの位置に見えた1か月後にBの位置に見えるから，1月10日の午後8時の1か月後の2月10日の午後8時（キ）である。さらに，地球の自転と公転の両方に着目すると，Bの位置に見えた1月10日の午後10時（オ）の1か月前の12月10日の午後10時にはAの位置に見えるから，Bの位置に見えるのはその2時間後の12月11日の午前0時である（この日時は選択肢にない）。

8 (1)ウ　　(2)**6，50**　　(3)**ア**

解説

8(1)　ペンの先の影を重ねたOが観察者の位置であり，南（B），観察者（O），南中した位置（X）を結んでできる角の大きさが**南中高度**である。

(2)　Aが日の出の位置である。太陽が透明半球上を動く速さは一定であり，1時間（60分）ごとに記録した点の間隔が2.4cmだから，2.8cm動くのにかかる時間は$60 \times \frac{2.8}{2.4} = 70$（分）である。したがって，この日の日の出の時刻は8時の70分前の6時50分である。

(3)　6月20日ごろは夏至のころ，12月20日ごろは冬至のころである。日の出の位置は，春分が真東で，そこから少しずつ北寄りになり，夏至で最も北寄りになる。夏至を過ぎると，南寄りに移動していき，秋分で真東になり，冬至で最も南寄りになったあと，再び北寄りに移動していく（日の入りの位置についても同様である）。したがって，6月20日では真東よりも北寄り，12月20日では真東よりも南寄りになっているものを選べばよい。

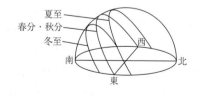

9 ア

解説

9　北極側から見て，地球は365日で太陽のまわりを，月は約27.3日で地球のまわりを，それぞれ反時計回りに1回公転している。つまり，地球は1日で約$\frac{360}{365} = 0.9$…→1度，月は1日で約$\frac{360}{27.3} = 13.1$…→13度公転するため，月を同じ時刻に観察していくと，1日ごとに約13 − 1 ＝12（度）ずつ東（Xの方向）へ移動した位置に見える。また，図の月は，南の空では右側が大きく欠けた形になるから，下弦の月から新月になる途中の月である。したがって，1日ごとに少しずつ欠けていく。

もう一問！

ある日，月と金星がどちらも図のような形に光って見えた。この日から2日後に再び月と金星を観察すると，月と金星の形は，どのようになっているか，次のアとイから1つ選べ。
ア　少し欠ける。
イ　少し満ちる。

（肉眼で見たときの向き）

月	金星

〈解説〉
月が図のように見えるのは上弦の月のときであり，このあと，満月になるから，少しずつ満ちていく（**答イ**）。金星が図のように見えるのは夕方の西の空で，このときの地球と金星と太陽の位置関係は下図のようになっている。金星の方が公転周期が短く，このあと，地球と金星の距離は近づくから，金星は少しずつ欠けていき（**答ア**），見かけの大きさは大きくなっていく。下図で，地球から見て太陽の左側にある金星は夕方の西の空に見えるよいの明星，地球から見て太陽の右側にある金星は明け方の東の空に見える明けの明星である。また，地球と金星の距離が近いときほど，欠け方は大きく，見かけの大きさは大きい。

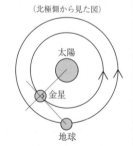
（北極側から見た図）

周期表

メンデレーエフによる 化学史上最大の発明！

※原子番号1～36番まで

□ …単体が20℃で気体　　▨ …単体が金属

凡例：①原子量　原子番号　元素や単体の特徴・用途など

	1	2	3	4	5	6	7	8	9	10	11	12	13	14	15	16	17	18
1	①H① 水素 最も軽い。燃料電池の原料																	2 He 4 ヘリウム 2番目に軽い。風船や飛行船を浮かせる
2	3 Li 7 リチウム 携帯電話やパソコンのリチウムイオン電池	4 Be 9 ベリリウム エメラルドなどの宝石											5 B 11 ホウ素 害虫駆除に使われるホウ酸団子	6 C 12 炭素 鉛筆のしんやダイヤモンド	7 N 14 窒素 空気の約80%を占める。肥料に含まれる	8 O 16 酸素 空気の約20%を占める	9 F 19 フッ素 フライパンのテフロンに含まれる	10 Ne 20 ネオン ネオンサインはネオン管に電圧をかけたもの
3	11 Na 23 ナトリウム 塩素と結びつくと塩化ナトリウムになる	12 Mg 24 マグネシウム 自動車や飛行機に使われる											13 Al 27 アルミニウム 軽くさびにくい。1円玉や飛行機に使われる	14 Si 28 ケイ素 半導体の代表的な素材。「シリコン」ともいう	15 P 31 リン DNA。骨や歯。マッチ箱の発火面に含まれる	16 S 32 硫黄 タイヤなどのゴム製品に含まれる	17 Cl 35 塩素 水の消毒剤や漂白剤として使われる	18 Ar 40 アルゴン 窒素、酸素の次に空気中に多い
4	19 K 39 カリウム 人間の神経や筋肉に欠かせないミネラル	20 Ca 40 カルシウム 骨、サンゴ、大理石に多く含まれる	21 Sc 45 スカンジウム 球場の照明などに使われる	22 Ti 48 チタン ゴルフクラブやメガネのフレームに使われる	23 V 51 バナジウム 衝撃や振動に強く工具などに使われる	24 Cr 52 クロム さびにくいので金属のメッキに使われる	25 Mn 55 マンガン 鉄との合金は強度が強く線路に使われる	26 Fe 56 鉄 人類が広く使用する。中にも血液中にもある	27 Co 59 コバルト 磁石や塩化コバルト紙に含まれる	28 Ni 59 ニッケル 50円玉や100円玉に含まれる	29 Cu 64 銅 古代から使われている。10円玉に含まれる	30 Zn 65 亜鉛 銅と亜鉛の合金は金管楽器や仏具に使われる	31 Ga 70 ガリウム 発光ダイオードや半導体の材料	32 Ge 73 ゲルマニウム 赤外線をよく通す。半導体やファイバーに使われる	33 As 75 ヒ素 毒薬として知られる。半導体にも使われる	34 Se 79 セレン コピー機に使われ、光があたると電気を通す	35 Br 80 臭素 フィルムの感光材。常温で液体の物質	36 Kr 84 クリプトン 白熱電球の封入ガスに使われる

原子量とは、それぞれの元素の質量を、割合で表したものじゃ！

周期表は、性質の似た元素が縦に並ぶようにならべておるのじゃ！

「水兵リーベ僕の船。七曲がる ships クラークか。スコッチ暴露マン。徹子にどうも会えんが。ゲルマン幹旋ブローカー」

H,He Li,Be B,C N,O F,Ne Na Mg,Al Si,P,S Cl,Ar,K Ca Sc,Ti V,Cr,Mn Fe,Co Ni Cu Zn,Ga Ge As,Se Br,Kr